"十四五"普通高等教育本科部委级规划教材

服装实用技术·应用提高

经典服装制板裁剪与缝制工艺

张军雄　陈金完◎编著

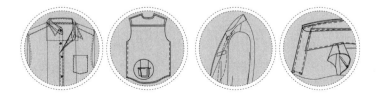

中国纺织出版社有限公司

内 容 提 要

　　本书选用经典、时尚的服装款式，将服装制板裁剪与缝制工艺进行一体化编写，按服装行业工作流程，将男女装经典款式从结构制图、样板制作、排料、裁剪、缝制、整烫的成衣制作全过程实例展现。全书以实例图片演示为主，注重实践，适合服装教学的需要，不同的款式和风格、不同的领型和袖型都穿插在教学案例中，便于全面开展服装教学工作。

　　本书既可作为高等院校服装专业的服装结构设计与服装工艺课程的教学用书，也可作为服装制板与工艺缝制爱好者的自学教材。

图书在版编目（CIP）数据

　　经典服装制板裁剪与缝制工艺 / 张军雄，陈金完编著 . -- 北京：中国纺织出版社有限公司，2024.1
　　"十四五"普通高等教育本科部委级规划教材 . 服装实用技术·应用提高
　　ISBN 978-7-5229-1159-5

　　Ⅰ. ①经… Ⅱ. ①张… ②陈… Ⅲ.①服装量裁－高等学校－教材②服装缝制－高等学校－教材 Ⅳ. ① TS941.63

　　中国国家版本馆 CIP 数据核字（2023）第 202122 号

JINGDIAN FUZHUANG ZHIBAN CAIJIAN YU FENGZHI GONGYI

责任编辑：李春奕 施 琦　责任校对：高 涵　责任印制：王艳丽

中国纺织出版社有限公司出版发行
地址：北京市朝阳区百子湾东里A407号楼　邮政编码：100124
销售电话：010 — 67004422　传真：010 — 87155801
http://www.c-textilep.com
中国纺织出版社天猫旗舰店
官方微博http://weibo.com/2119887771
三河市宏盛印务有限公司印刷　各地新华书店经销
2024年1月第1版第1次印刷
开本：787×1092　1/16　印张：16
字数：300千字　定价：59.80元

目　录

第一章

服装制板基础

第一节　服装制板基本知识

一、制图符号（表1-1）

表1-1

序号	名称	符号	说明
1	轮廓线	——————	粗实线
2	辅助线	——————	细实线
3	对称线	—·—·—·—·—	点画线
4	内里结构线	------------	有时也表示辅助线
5	等分线	⌢⌢	有时用相同的符号或用虚线表示
6	纱向线	←——————→	一般画通裁片
7	尺寸标注线	←——————→	有时没有箭头符号
8	拔开		不是所有拔开处都作了标注
9	缩缝		不是所有缩缝处都作了标注
10	归拢		不是所有归拢处都作了标注
11	抽褶	∿∿∿	不是所有抽褶处都作了标注
12	直角		不是所有直角处都作了标注
13	纸样	160/66A 腰头×1	灰底，白色部分为纸样
14	剪口		有的纸样未作标注

续表

序号	名称	符号	说明
15	纸样合并		省道合并或纸样合并
16	褶裥		斜线方向表示褶裥方向

二、制图和规格设计中的英文代号（表1-2）

表1-2

序号	字母代号	英文	含义	备注
1	h	Height	身高	与臀围H区分
2	B	Bust	胸围	B*代表净胸围
3	W	Waist	腰围	W*代表净腰围
4	H	Hip	臀围	H*代表净臀围
5	BL	Bust Line	胸围线	—
6	WL	Waist Line	腰围线	—
7	HL	Hip Line	臀围线	—
8	EL	Elbow Line	袖肘线	—
9	KL	Knee Line	膝围线	—
10	BP	Bust Point	胸点	—
11	N	Neck	领围	—
12	S	Should Width	肩宽	—
13	CW	Cuff Width	袖口宽	—
14	SL	Sleeve Length	袖长	—
15	SB	Slack Bottom	脚口宽	—
16	AH	Arm Hole	袖窿	—
17	FAH	Front Arm Hole	前袖窿	—
18	BAH	Back Arm Hole	后袖窿	—
19	L	Length	衣长、裤长、裙长	—

三、服装制板中各部位名称

（一）上衣各部位名称（图1-1）

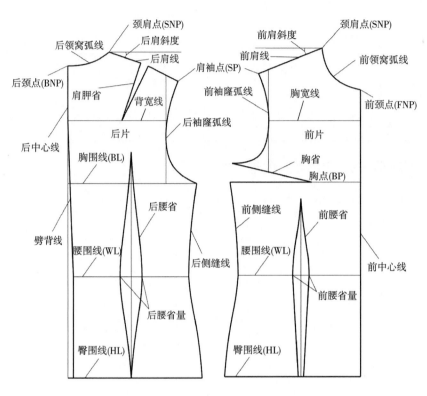

图1-1

（二）袖子和领子各部位名称（图1-2）

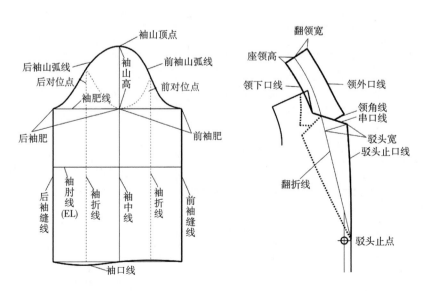

图1-2

（三）裤子各部位名称（图1-3）

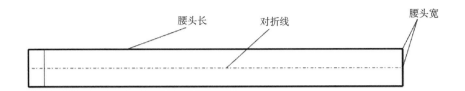

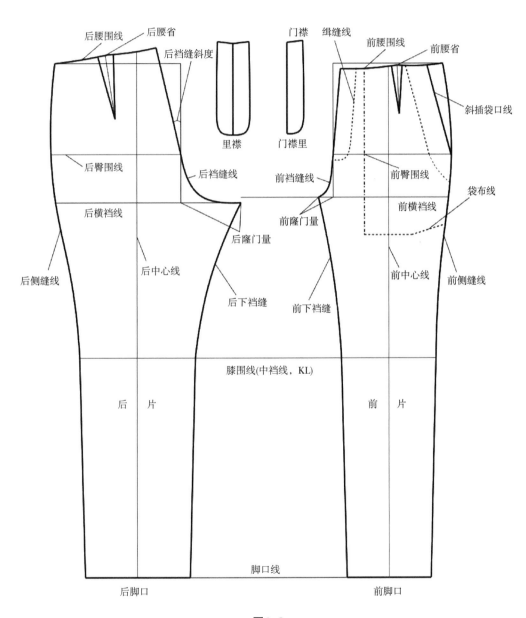

图1-3

（四）裙子各部位名称（图1-4）

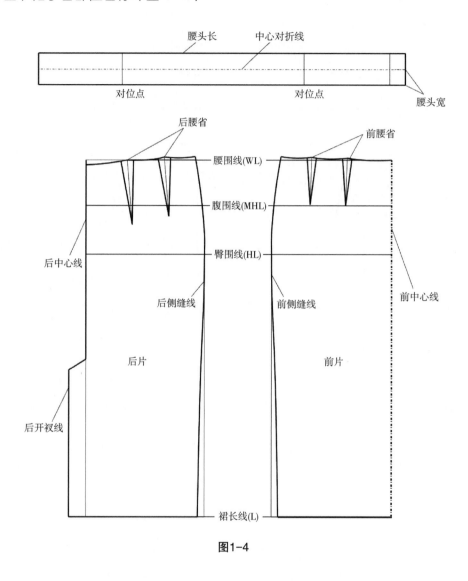

图1-4

第二节 服装制板数据设计

一、成年男子与成年女子人体数据

服装制板是服装立体造型设计的平面展开图，人体数据是服装规格设计的依据。在服装制板中，要先掌握成年男子和成年女子人体高矮胖瘦中间体各部位数据，其他规格人体数据按档差系列进行推算。

（一）成年男子人体数据

　　我国成年男子中间体为170/92 A号型，即身高170cm、胸围92cm，如图1-5所示为170/92A号型成年男子人体各部位静态数据，其他号型数据可参考档差数据推算，±为5·4系列档差。

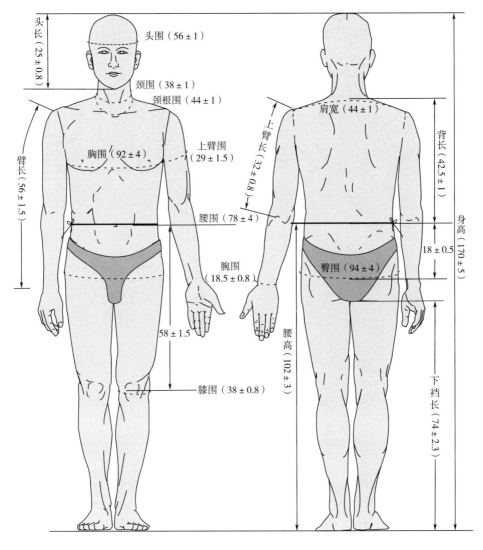

图1-5

（二）成年女子人体数据

　　我国成年女子中间体为160/84A号型，即身高160cm、胸围84cm，如图1-6所示为160/84A号型成年女子人体各部位静态数据，其他号型数据可参考档差数据推算，±为5·4系列档差。

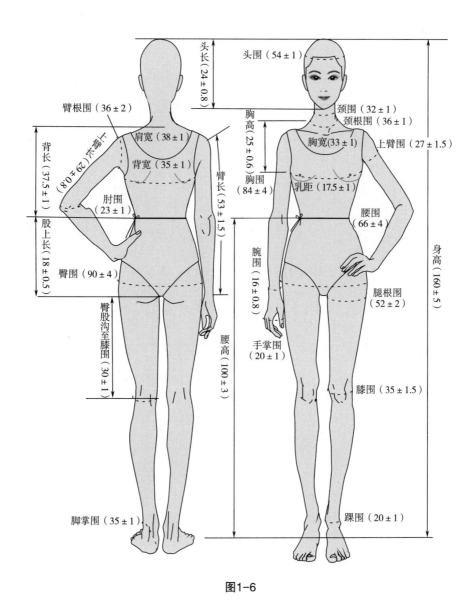

图1-6

二、服装长度设计

在服装号型中，身高是号，是服装长度设计的依据。下面以中国成年男子和成年女子中间体为例，为服装长度设计提供参考数据。

（一）男装长度设计

男装以号型170/92A的衣长设计作为参考数据（单位：cm），其他号型的服装长度设计可依据5·4系列档差数据进行推算（图1-7）。

（二）女装长度设计

女装以号型160/84A的衣长设计作为中间体的参考数据（单位：cm），其他号型的服装长度设计可依据5·4系列档差数据进行推算（图1-8）。

图1-7

图1-8

三、服装松量设计

胸围是上装松量设计的关键部位，臀围是下装松量设计的关键部位。

（一）男装松量设计

（1）男士衬衫、春秋外套松量设计如图1-9所示（单位：cm）。

（2）男士棉衣、风衣、羽绒服等冬装松量设计如图1-10所示（单位：cm）。

（3）男裤松量设计如图1-11所示（单位：cm）。

（二）女装松量设计

（1）女士衬衫、春秋外套松量设计如图1-12所示（单位：cm）。

（2）女士棉衣、羽绒服等冬装松量设计如图1-13所示（单位：cm）。

（3）连衣裙松量设计如图1-14所示（单位：cm）。

（4）女裤松量设计如图1-15所示（单位：cm）。

（5）半身裙松量设计如图1-16所示（单位：cm）。

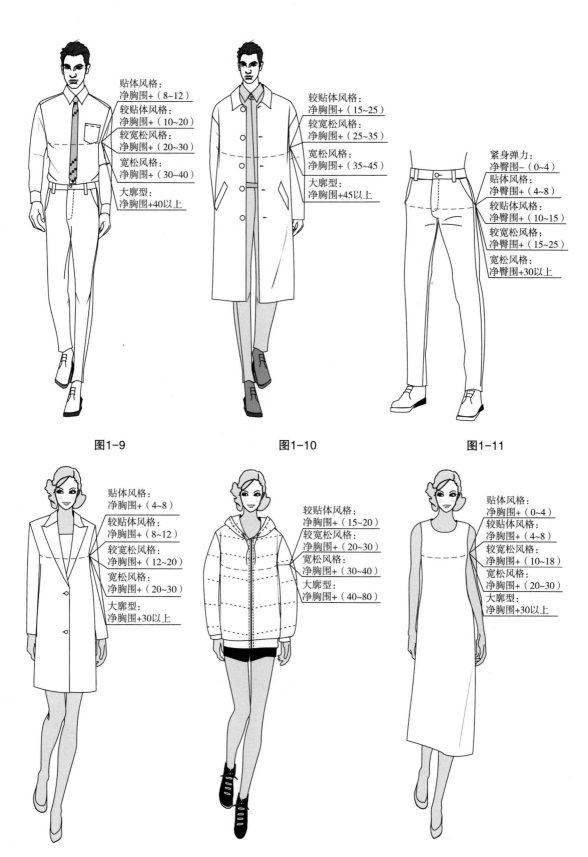

贴体风格：
净胸围+（8~12）
较贴体风格：
净胸围+（10~20）
较宽松风格：
净胸围+（20~30）
宽松风格：
净胸围+（30~40）
大廓型：
净胸围+40以上

图1-9

较贴体风格：
净胸围+（15~25）
较宽松风格：
净胸围+（25~35）
宽松风格：
净胸围+（35~45）
大廓型：
净胸围+45以上

图1-10

紧身弹力：
净臀围-（0~4）
贴体风格：
净臀围+（4~8）
较贴体风格：
净臀围+（10~15）
较宽松风格：
净臀围+（15~25）
宽松风格：
净臀围+30以上

图1-11

贴体风格：
净胸围+（4~8）
较贴体风格：
净胸围+（8~12）
较宽松风格：
净胸围+（12~20）
宽松风格：
净胸围+（20~30）
大廓型：
净胸围+30以上

图1-12

较贴体风格：
净胸围+（15~20）
较宽松风格：
净胸围+（20~30）
宽松风格：
净胸围+（30~40）
大廓型：
净胸围+（40~80）

图1-13

贴体风格：
净胸围+（0~4）
较贴体风格：
净胸围+（4~8）
较宽松风格：
净胸围+（10~18）
宽松风格：
净胸围+（20~30）
大廓型：
净胸围+30以上

图1-14

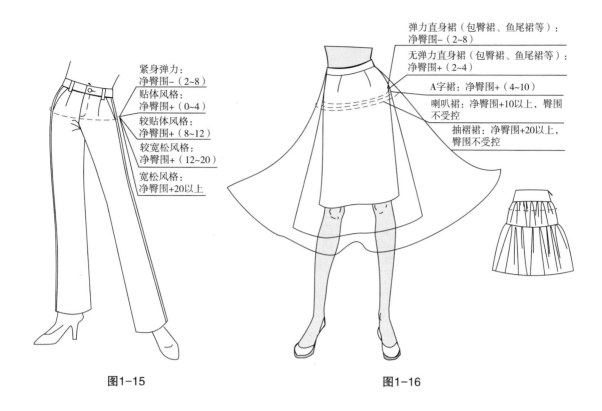

图1-15　　　　　　　　　　　　　　　图1-16

第三节　服装原型

　　原型是服装平面裁剪中的基础纸样，它是简单的、不带任何款式变化的立体型服装纸样，它能反映人体最基本的体表结构特征，利用服装原型在平面裁剪中可以变化出丰富多样的服装款式。

一、男装原型

　　男装原型是男装结构的基础纸样，利用男装原型可以进行男装结构设计。原型规格设计既可参考表1-3中的制图公式计算，也可根据人体中间体170/92A尺寸数据推算出其他号型的数据。

表 1-3　　　　　　　　　　　　　　　　　　　　　单位：cm

部位	身高（h）	背长	胸围（B）	肩宽（S）	胸高	领围（N）	前片浮余量	后片浮余量
净尺寸	—	$h/4$	B^*	S	$h/10+9$	N	—	—
制图公式	—	$h/4$	B^*+14	S	$h/10+9$	N	$B^*/45$	$B^*/40$
中间体尺寸	170	42.5	92+14	45	26	40	2	2.3

（一）男装通用原型（图1-17）

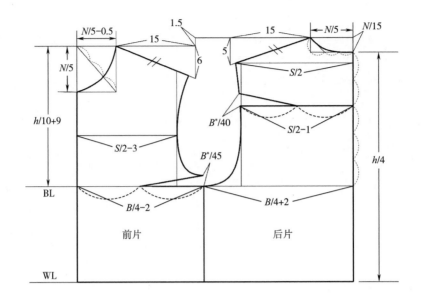

图1-17

（二）男装西服原型

1. 男装西服原型（撇胸原型）的来源

男装西服原型是在男装通用原型基础上，将前片浮余量全部放在前胸撇胸处，或大部分放在前胸撇胸处、少部分放在袖窿处，主要用于西装类外套等的制板。

2. 男装西服原型纸样（图1-18）

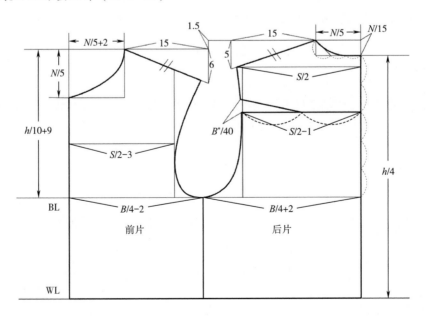

图1-18

（三）男装衬衫原型

1. 男装衬衫原型（下放原型）的来源

男装衬衫原型是在男装通用原型基础上，将前片浮余量部分转向下摆（下放），部分转向袖窿，主要用于衬衫、宽松类外套等的制板。

2. 男衬衫原型纸样（图1-19）

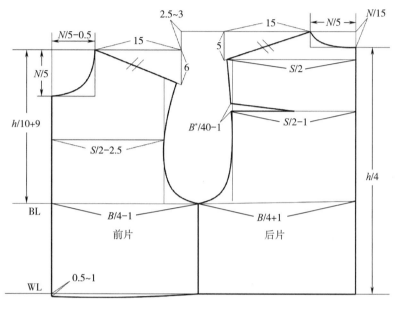

图1-19

二、女装原型

（一）宽腰女装原型

宽腰女装原型反映了女性人体胸背部最基本特征的箱形上装原型。胸围松量为12cm，适用于宽腰型服装的制板应用，宽腰女装原型尺寸设计以160/84A号型为标准，其他号型尺寸可参考推档规律进行设计。

1. 规格设计（表1-4）

表1-4　　　　　　　　　　　　　　　　　　　　　　　　　　　　　单位：cm

号型	部位	胸围（B）	肩宽（S）	腰围（W）	前胸宽	后背宽	领围（N）	胸省量	前肩斜	后肩斜
160/84A	净尺寸	84	38	68	—	—	36	—	—	—
	制图尺寸	96	39	72	17	18.5	38	15：3.5	15：6	15：5

2. 原型纸样（图1-20）

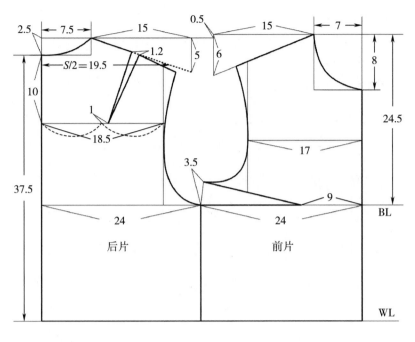

图1-20

（二）六省胸腰臀原型

六省胸腰臀原型女装尺寸以160/84A号型为标准，其他号型尺寸可参考推档规律进行设计。

1. 规格设计（表1-5）

表1-5 单位：cm

号型	部位	胸围（B）	腰围（W）	肩宽（S）	背长	领围（N）	胸省量	前肩斜	后肩斜
160/84A	净尺寸	84	68	38	38	36	—	—	—
	制图尺寸	96	72	39	38	38	15：4	15：6	15：5

注 本案例按此腰部规格绘制，在实际应用中可按比例计算腰部省量。

2. 原型纸样（图1-21）

（三）四省胸腰臀原型

四省胸腰臀原型女装尺寸以160/84A号型为标准，其他号型尺寸可参考推档规律进行设计。

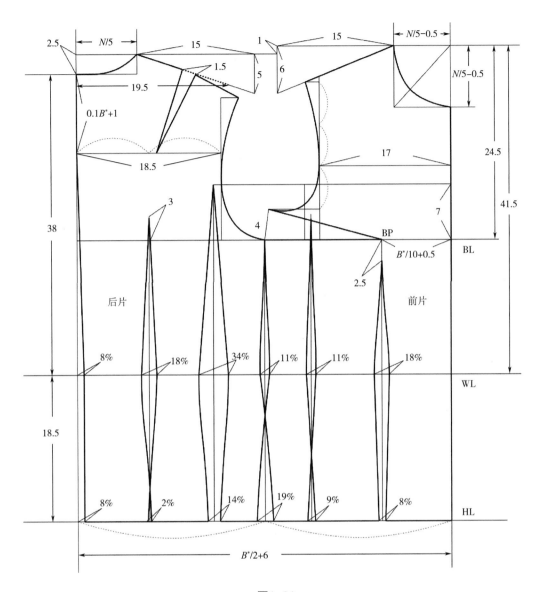

图1-21

1.规格设计（表1-6）

表 1-6
单位：cm

号型	部位	胸围（B）	腰围（W）	肩宽（S）	背长	领围（N）	胸省量	前肩斜	后肩斜
160/84A	净尺寸	84	68	38	38	36	—	—	—
	制图尺寸	96	72	39	38.5	38	15∶3.5	15∶6	15∶5

注　本案例按此腰部规格绘制，在实际应用中可按比例计算腰部省量。

2. 原型纸样（图1-22）

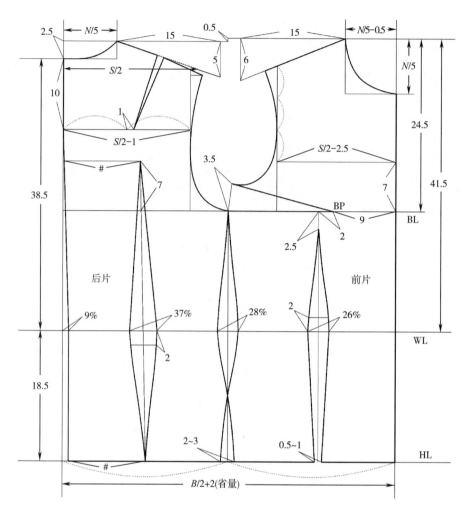

图1-22

三、袖原型

配袖的方法有很多，各有特色，袖子的设计与袖窿、装袖的贴体程度有关，袖山越高，袖子越贴体，袖肥越小，吃势越大；反之，袖山越低，袖子越宽松，袖肥越大，吃势越小。

袖原型先定袖山高（按贴体风格），再定袖肥。

1. 规格设计（表1-7）

表 1-7　　　　　　　　　　　　　　　　　单位：cm

号型	部位	胸围（B）	肩宽（S）	袖长	袖窿弧长	袖山高
160/84A	净尺寸	84	38	58	—	—
	制图尺寸	96	39	58	46	5/6袖窿深

2. 原型纸样（图 1-23）

　　袖山斜线与袖窿弧长等长时，袖山弧长多出的部分为袖山吃势量，通过调节袖山斜线的长度，可以调节袖山吃势量的大小。

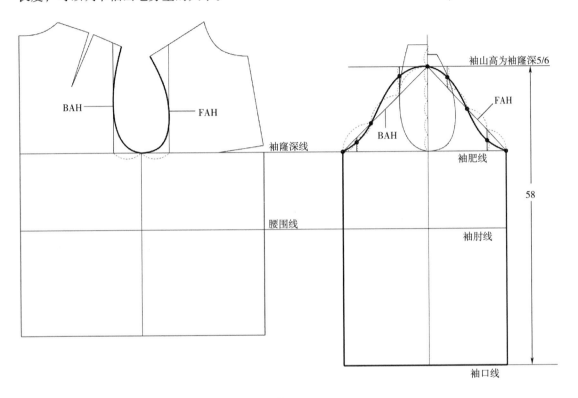

图1-23

第二章　服装工艺基础

第一节　缝纫机械

一、缝纫机简介

缝纫机是用一根或多根缝纫线，在缝料上形成一种或多种线迹，使两层或多层面料交织或缝合起来的机器。一般缝纫机都由机头、机座、传动和附件四部分组成。缝纫机的核心是线圈缝合系统。

机头是缝纫机的主要部分（图2-1），它由刺料、钩线、挑线、送料四个机构和绕线、压料、落牙等辅助机构组成，各机构合理地相互配合，循环工作，把布料缝合起来。

调节压脚压力阀
调节剪线后机针线头长短
自动绕底线装置
加油入口
观察油窗口
手轮
调节面线张力大夹线器
调节针码疏密轮
电源开关
安装各类辅助工具底座
可安装各类压脚
机器铭牌号
倒缝扳手
手动倒缝按钮和LED灯
液晶显示器

图2-1

机座分为台板和机箱两种形式。台板式机座的台板起着支撑机头的作用，缝纫操作时当作工作台用。台板有多种式样，有一斗或多斗摺藏式、柜式、写字台式等。机箱式机座的机箱起着支撑和贮藏机头的作用，使缝纫机便于携带和保管。

缝纫机的传动部分由机架、手摇器或电动机等部件构成。机架是机器的支柱，支撑着台板和脚踏板。使用时操作者踩动脚踏板，通过曲柄带动皮带轮的旋转，又通过皮带带动机头旋转。手摇器或电动机多数直接装在机头上。

缝纫机的附件包括机针、梭心、螺丝刀、油壶等。

二、常用缝纫机分类（表2-1）

表2-1

序号	名称	图例	用途
1	家用手动缝纫机		家用单件制作，用于衣片缝纫

续表

序号	名称	图例	用途
2	家用电动多功能缝纫机		家用单件制作，家用电子多功能缝纫
3	工业缝纫机		工业化批量衣片缝纫，也可用于单件制作
4	特种缝纫机		特种作业需要的缝纫机，如衬衫埋夹车、皮革用缝纫机、制鞋缝纫机等

三、缝纫机专用附件（表2-2）

表2-2

序号	名称	图例	用途
1	机针		缝合衣片用
2	压脚		有高低压脚（方便缉明线）、平压脚（方便平缝）、单边压脚（方便装隐形拉链）
3	梭心		梭心绕缝纫底线
4	梭心套（梭壳）		放置梭心，梭心套有张力调节螺丝

四、缝纫机械应用类别（表2-3）

表 2-3

序号	名称	线迹	常用服装部位
1	平缝机	直线平缝线迹	衣片的缝合
2	包缝机	四线包缝机线迹 三线包缝机线迹	衣片边缘部位防脱散或针织衣片的缝合
3	双针机	双针机线迹	适用于衬衫、制服、牛仔裤、大衣等服装的缝制
4	绷缝机	二针三线正面线迹 二针三线反面线迹	主要用于T恤衫、秋衣等下摆的缝制
5	凤眼机	凤眼机线迹	主要用于女装、男装、休闲装、牛仔裤、裤装开纽孔
6	直眼机	直眼机线迹	主要用于衬衫、休闲装等单衣类服装开纽孔
7	钉扣机	钉扣机线迹	用于较轻薄或中等厚度服装的钉扣
8	埋夹机	埋夹机线迹	用于衬衫、裤子等的缝制

五、缝纫机保养

1. 清理

（1）送布牙的清理：拆下针板和送布牙之间的螺钉，清除布毛、灰尘，并加少量缝纫机油。

（2）梭床的清理：梭床是缝纫机工作的核心部件，也是最容易出现故障的地方，因此，要经常清除污物并加少量缝纫机油。

（3）其他部件的清理：缝纫机的表面和面板内的各部位都应经常清扫，保持干净。

2. 加油润滑

（1）加油部位：将机头上的各个油孔、润滑上轴以及上轴相连的部件，面板内的部件及各部件连接的活动部件，润滑压脚杆和针杆以及与其相连的部件，机器板下部部件等经常活动处擦净并少加些油。

（2）加油方法：缝纫机连续使用一天或几天后就应该全面加一次油，必须使用专用的缝纫机油。如果在使用之间加油，应使机器空转一转时间，使油充分浸润并甩出多余的油，再用干净的软布将机头和台面擦干净，以免弄脏缝料。然后穿线缉缝碎布头，利用缝纫线的运动擦净、甩出多余的油渍，直到碎布上没有油渍为止，再进行正式缝制布料。

3. 保养

工作完毕后，将机针插入针孔板内，抬起压脚，还要用机罩盖机头，以防尘屑侵入。开始工作时，先检查主要机件，踏起来轻重情况如何，有无特殊声音，机针是否正常等，如发现不正常现象，应及时检修。机器使用相当长时间后，要进行一次大修，如发现磨损较大的零件，要更换新的。

第二节　缝纫必备工具

缝纫必备工具见表2-4。

表 2-4

序号	名称	图例	用途	序号	名称	图例	用途
1	手缝针		假缝或其他需要手针工艺时使用	3	剪刀		剪纸和剪布的剪刀要分开
2	缝纫线		缝纫用线	4	小剪刀		修剪缝纫线用

续表

序号	名称	图例	用途	序号	名称	图例	用途
5	锥子		用来打孔、定位等	10	馒头烫垫		熨烫曲面定型用
6	拆线器		拆线用	11	烫袖板		熨烫袖子定型用
7	镊子		精细部位缝合用	12	压铁		裁剪时压住布料用
8	高温消色笔		作缝制记号	13	熨斗		整烫、归拔造型用
9	熨衣布		熨烫时防止烫焦、烫黄				

第三节　手针工艺

　　手针工艺是服装缝纫工艺的基础工艺，主要是使用布、线、针及其他材料和工具由操作者手工进行操作的工艺。手针工艺是一项传统工艺，在缝纫设备发明以前，手针是服装缝制的唯一方法，在现代服装工艺中，手针工艺仍然十分重要，能弥补有些缝纫机尚不能完成的技能，并且有灵活方便的特点，特别在缝制毛呢或丝绸服装的装饰点缀时，手针工艺是不可或缺的辅助工艺技法。下面介绍几种常用的手针工艺针法。

一、打线结

　　打线结一般用于缝线起针和收尾的打结。

　　左手拿住手缝针并捏住线头，右手拿住缝线在手缝针上环绕两圈，形成线环，然后右手将环绕线圈轻轻往下带，直至左手捏住线环，右手抽出手缝针，拉紧缝线便可形成线结（图2-2）。

1. 手指绕结法

　　左头大拇指和食指捏住线头，环绕食指一圈压住线头，然后大拇指向前推动，让线头缠绕至线环里面，最后大拇指和食指捏住线结，右手抽紧缝线，便可形成线结（图2-3）。

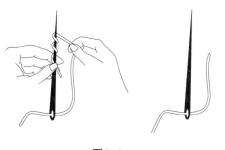

图2-2

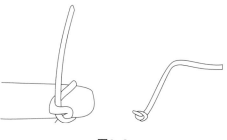

图2-3

2. 收针绕结法

收针绕结法是手工缝合结束时打结的方法（图2-4）。

（1）不挑纱打结：将手针放在最后一针出针的位置上，用缝线在手针上环绕两根线环并拉紧，用大拇指按住线环，抽出手针后拉紧最终的缝线，最后将缝线带入夹层或布料反面。

（2）挑纱打结：将手针放在最后一针出针的位置上挑出一两根纱，用缝线在手针上环绕两线环并拉紧，用大拇指按住线环，抽出手针后拉紧最终的缝线，最后将缝线带入夹层或布料反面。

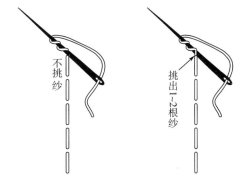

图2-4

二、平针

平针是一种上一针下一针针距相等的手工针法。起针从右向左，连续进针5~6针后拔针，如图2-5所示。

图2-5

三、直绗针

直绗针一般常用作假缝、临时缝合，是用较长的针迹由右向左进行缝制，正面的线迹长度较长，反面较短。用于缝合裁片时正面线迹长约1cm，反面约0.2cm（图2-6）。

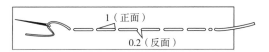

图2-6

四、回针

回针又称"顺钩针"和"倒钩针"，是向前缝一针再向后缝一针的循环针法。

（1）顺钩针：主要用在高档毛料裤子的后裆缝及下裆缝上段（图2-7）。

（2）倒钩针：高级西服制作时在袖窿和后领口常用此针法防止返口（图2-8）。

图2-7

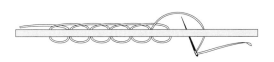

图2-8

五、三角针

三角针又称"花绷三角",线迹呈等腰三角形。起针从左向右,针法为倒针缝。主要适用于服装贴边位置的缝制,如下摆、脚口、袖口等部位(图2-9)。

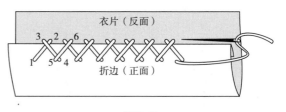

图2-9

六、竖缲针

竖缲针常用于服装里布与里布之间或绲边部位的缝合(图2-10)。

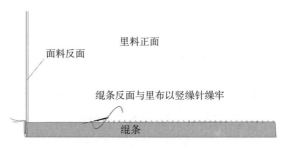

图2-10

七、手工平头锁眼

平头锁眼又称"锁直眼",常用于衬衫、连衣裙等单衣的纽扣缝制。以四孔纽扣为例设计扣眼,设纽扣直径为x,纽扣厚度为y,纽孔距为z(图2-11)。

手工平头锁眼工艺如下:

①扣眼定位:门襟处搭门宽一般等于纽扣直径x,但一般会大于1cm,以增加门襟处的强度,防拉破。纽眼的长度=纽扣直径x+纽扣厚度y,纽角为纽孔距z的二分之一(图2-12)。

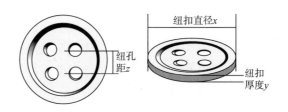

图2-11

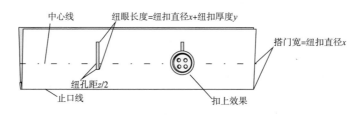

图2-12

②固定纽眼、打衬线:确定纽眼的位置,固定纽眼周边的面料,在固定线上缝上衬线,再剪开纽眼(图2-13)。

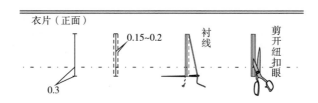

图2-13

③锁缝：从纽眼端点开口处进针，衬线外边线出针，以线环套住手缝针出针抽动缝线，当缝线快绷紧时，沿缝线水平方向拉紧，让线结倒向纽眼开口槽中，以同样的方法沿纽眼边沿锁缝，线距10针/cm（图2-14）。

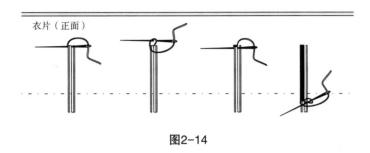

图2-14

④锁缝纽眼端口：在纽眼端点连缝两针，将两根封口缝线横向缝合，挑住左侧最后的锁缝线迹，将手针穿过两根线环，将缝线引向纽眼另一侧。用同样方法锁缝扣眼，完成后将线头引入缝线中（图2-15）。

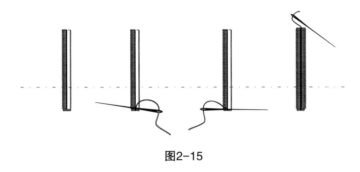

图2-15

八、手工圆头锁眼

圆头锁眼又称"锁凤眼"，常用于西服、外套、大衣等夹衣的纽扣缝制。门襟处搭门宽一般等于纽扣直径x，一般会大于2cm。纽眼的长度=纽扣直径x+纽扣厚度y，圆头直径为0.3~0.4cm，用圆头冲子冲出圆头后再修剪出凤眼造型（图2-16）。

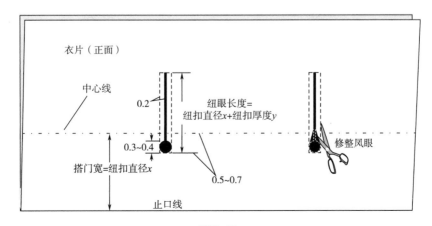

图2-16

按平头锁眼方法沿纽眼边沿锁缝，线距10针/cm，凤眼处锁眼线呈放射状，每一针锁缝线垂直于凤眼曲线边沿（图2-17）。

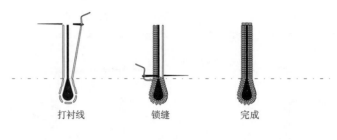

打衬线　　　　　锁缝　　　　　完成

图2-17

九、手工钉扣

（一）无垫扣钉扣

无垫扣钉扣一般应用于衬衫、连衣裙等单衣类和休闲便装类服饰，其工艺步骤如下：

①将缝线（可以是双股线）打结后，在下面钉纽扣部位用手针挑起4~5根纱，抽出手针拉紧缝线（图2-18）。

②从纽孔的对角线引出缝线后，在纽扣位刺过里襟，在往下拉缝线时要预留门襟面料的厚度（装饰纽和高脚纽无须预留）（图2-19）。

③ 用同样的方法将针和缝线引入另外一个对角纽孔，并重复几次，依据面料的厚薄钉线股数达到8~16股（图2-20）。

④从线柱的上端开始用缝线缠绕线柱至底部（图2-21）。

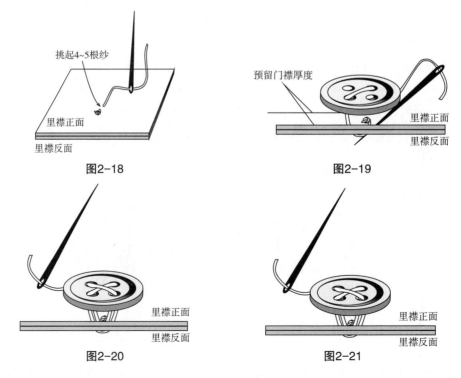

图2-18

图2-19

图2-20

图2-21

⑤在线柱下端绕一个结，将针与线引入反面，并在出针的位置挑起1~2根纱，然后在针尖上绕2~3圈，抽出针、拉紧线（图2-22）。

⑥将线结用力拉紧或带入里襟夹层，将线从线柱旁边引出并齐根剪断，由于缝线有张力，线头会回弹至里襟夹层中（图2-23）。

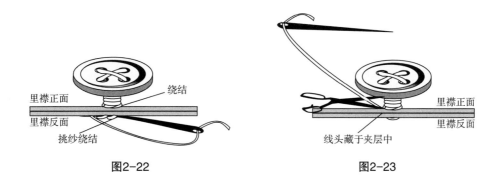

图2-22　　　　　　　　　　　　　图2-23

（二）有垫扣钉扣

有垫扣钉扣一般应用于西服、大衣和厚实类面料服装，其工艺步骤如下：

①将缝线（可以是双股线）打结后，从里襟钉纽扣部位上层向里襟反面入针，然后缝线引入垫纽的纽孔，跟无垫钉纽方法相同钉面纽（图2-24）。

②钉纽结束时，在线柱根部挑起1~2根纱，然后在针尖上绕2~3圈，抽出针、拉紧线，剪断后缝线藏于里襟夹层中（图2-25）。

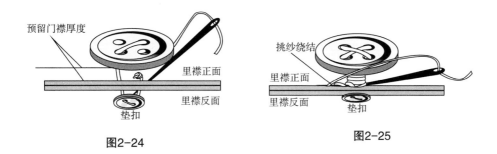

图2-24　　　　　　　　　　　　　图2-25

第四节　机缝工艺

服装的衣片是缝纫机以不同的缝型拼合而成的，不同的面料、不同的质地、不同的款式、不同的部位，都要选择最适合的缝型工艺。常用的机缝缝型主要有平缝、倒缝、分开缝、平搭缝、来去缝、卷边缝、内包缝、外包缝等。

一、平缝

平缝也称"合缝""平接缝"，是机缝中最基本、使用最广泛的一种缝型。多用于上衣的肩缝、摆缝、袖缝，裤子的侧缝、下裆缝以及拼接裤腰、挂面、绳条等处。

在裁片等长的情况下，注意运用上层轻送、下层轻拉的手法，保证上下送布松紧一致，长短一致、缝份一致（图2-26）。

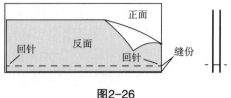

图2-26

二、倒缝

倒缝在平缝的基础上做倒向一侧缝份的缝型。

（1）薄料倒缝：面料较薄，缝份产生的厚度差不明显，两衣片缝份等宽，常用于衬衫、裙装等较薄服装的缝型处理（图2-27）。

（2）厚料倒缝：面料较厚，缝份产生的厚度差明显，两衣片缝份下宽上窄，应以阶梯状态让厚度过渡，常用于休闲外套等较厚服装的缝型处理（图2-28）。

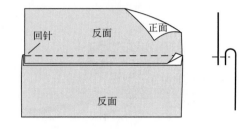

图2-27

三、分开缝

分开缝是在平缝的基础上将拼合的缝份进行分开处理，达到一种平整的效果，是服装中最常见的缝型之一（图2-29）。

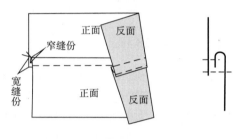

图2-28

四、平搭缝

平搭缝是将两片裁片缝份重叠，重叠部位中间缉线固定。多用于服装绱袖口衬、腰衬、省缝等，以及衬布暗藏部位的拼接，有平服、减少拼接厚度的作用（图2-30）。

五、来去缝

来去缝是将毛边缝份缝合在两层面料之间，正反两面都不显毛边的缝型，适用于不锁边的薄软的面料，常用于衬衣、童装等较薄布料服装及简单衣物（图2-31）。

图2-29

六、卷边缝

卷边缝是把布料毛边做两次翻折后缉缝的缝型。卷边有先将底边折转扣烫好后从衣料正面缉缝的，也有在布料反面一面卷边一

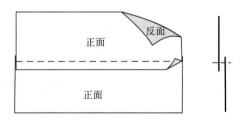

图2-30

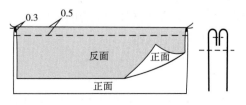

图2-31

面缉缝的。此外，卷边还有卷宽边与卷窄边之分，宽边多用于上衣袖口、下摆底边和裤子脚口边等；窄边则多用于衬衫圆摆底边、裤脚口衬边及童装衣边等（图2-32）。

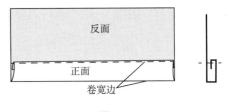

图2-32

七、内包缝

内包缝又称"暗包缝""反包缝"，常用于衬衣、夹克、大衣、运动服的缝合。由于会在正面露出一根明线而具有一定的装饰效果。

（1）薄料内包缝：将裁片的正面与正面相叠，按包缝的宽度由下层包转上层的缝份缉线缝合，然后将上层裁片翻转，在上层正面缉压明线，注意下层缝份缉牢不虚空。缝合处有四层面料，正面一根明线，反面两根明线，适用于中、薄型面料（图2-33）。

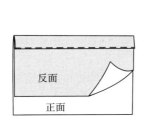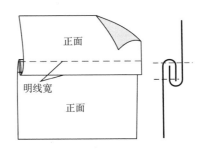

图2-33

（2）厚料内包缝：将下层的缝份向正面折扣0.3~0.5cm，并缉边线固定，然后将上层缝份与下层扣压缝份放平对接，缉缝0.3~0.5cm边线；然后将上层裁片翻转，在上层正面缉压明线，注意下层缝份缉牢不虚空。缝合处有三层面料，正面一根明线，反面三根明线，适用于中、厚型面料（图2-34）。

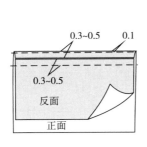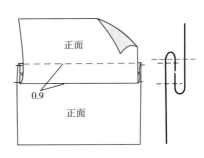

图2-34

八、外包缝

外包缝又称"明包缝""正包缝"，常用于衬衣、夹克、大衣、运动服的缝合。由于会在正面露出两根明线而装饰效果明显。

（1）薄料外包缝：将裁片的反面与反面相叠，按包缝的宽度由下层包转上层的缝份缉线缝合，然后将上层裁片翻转，在正面缉压明线，注意下层缝份缉牢不虚空。缝合处有四层面料，正面两根明线，反面一根明线，适用于中、薄型面料（图2-35）。

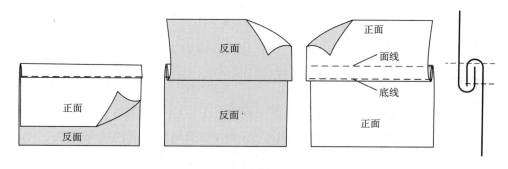

图2-35

（2）厚料外包缝：将下层的缝份向正面折扣0.3~0.5cm，并缉边线固定，然后将上层缝份与下层扣压缝份放平对接，缉缝0.3~0.5cm边线；然后将上层裁片翻转，在上层正面缉压两道明线，注意下层缝份缉牢不虚空。缝合处有三层面料，正面两根明线，反面四根明线，适用于中、厚型面料（图2-36）。

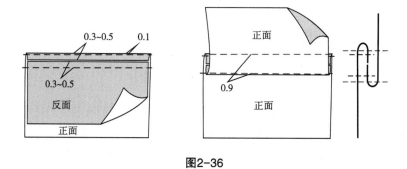

图2-36

第五节　服装缝纫材料

服装缝纫材料一般包括面料、衬料、里料、填料、线带类材料、紧扣类材料、装饰类材料等。

一、服装面料

（一）机织面料

构成机织面料的基本结构为经、纬纱交织物，尺寸比较稳定（图2-37）。

（1）布边：布料两端的边缘部分，有的面料此处印有制造商或布料的名称。布边织物结构与中间正料稍有不同，裁剪时布边一般不排在样板里（图2-38）。

（2）经纱方向：与布边平行的方向为布料的经纱方向，由于经纱方向伸缩性不明显（弹性材质除外），不易变形，一般为服装长度方向裁剪用，纸样上标记的经纱方向就代表直布线

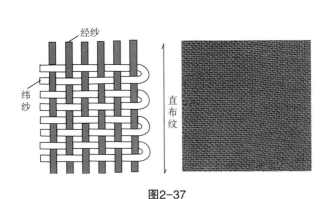

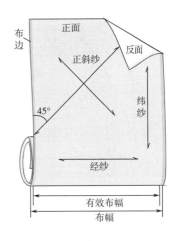

图2-37　　　　　　　　　　　　　　　　　　　　　图2-38

的方向。不论制作何种物品，都应将纸样经向箭头对准布料直纱方向。

（3）纬纱方向：与布边垂直的方向为布料的纬纱方向，纬纱方向伸缩性明显（弹性材质除外），一般为服装围度方向裁剪用。

（4）斜布纹：与布边呈45°角方向的布料统称为"正斜纹布"，其他角度也为"斜纹布"。斜纹布通常都是指正斜纹布，斜纹布伸缩性明显，有的服装裁片裁剪时可利用其特征。

（5）布幅：布边到布边之间的横向间距称为"布幅"。由于布料的布幅多样，不同的布幅有不同的排料方式和裁剪利用率。

（二）针织面料

1. 针织面料特点

构成针织面料的基本结构为线圈组织，针织物按经纬线圈方向分为经编织物和纬编织物。经编织物线圈交织比较稳定，面料的拉伸力相对较小，而常见的纬编织物，线圈在套串的横向上有比较大的拉伸力，弹力大、易脱散（图2-39）。

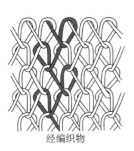
经编织物

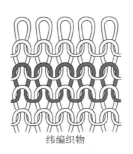
纬编织物

图2-39

2. 针织服装结构特点

基于针织面料有较大的伸缩性，针织服装结构设计时应注重整体形态，而适当忽略人体细微结构，结构简化、分割线条较少，与机织服装相比，同等宽松度的服装加放的松量较小，较少应用省缝结构（图2-40）。

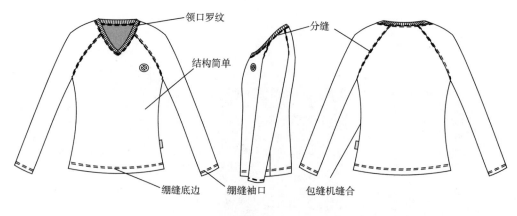

图2-40

3.针织面料的裁剪缝制

毛织服装直接用纱线织成衣片后用缝盘机缝合成成衣，所以一般不经过缝制工序，这里的裁剪缝制特指针织面料经缝制工序形成的针织服装。针织面料的裁剪缝制一般类似于机织面料，不同点在于以下三个方面：

（1）裁剪排料时以弹力较大方向为服装围度方向裁剪使用。

（2）排料前要松布较长时间，以使面料自然回缩。

（3）针织服装多采用锁边、绷缝、绳边等方式处理断面。

（三）面料的纹理

面料有素色和花纹两种，花纹面料通过色织、提花或者印花工艺完成。

依据花纹品种的不同，需要有不同的裁剪方法，表2-5列出了不同的花纹相对应的裁剪方法。在本书第五章男衬衫和第七章男西服的条格面料裁剪与排料中进行了举例说明。

表 2-5

序号	花纹名称	花纹图例	裁剪方法	序号	花纹名称	花纹图例	裁剪方法
1	水玉点		裁剪方法等同素色面料	3	竖条纹		依据服装设计的条纹方向裁剪，不可倾斜
2	小碎花		裁剪方法等同素色面料	4	横条纹		条纹间隔大于1cm的横条纹裁片横向对条，小于1cm的横条纹放水平裁剪

续表

序号	花纹名称	花纹图例	裁剪方法	序号	花纹名称	花纹图例	裁剪方法
5	有方向的条纹		条纹的粗细和色彩变化产生了条纹的方向性，裁剪时注意条纹的方向性，并且条纹不可产生倾斜	8	大花纹单独纹样		按设计意图将花纹安放在合适的位置进行定位裁剪
6	方格子		条纹间隔大于1cm的条纹横竖向对条对格裁剪，小于1cm的方格条纹放水平裁剪	9	有方向性的花纹		单方向排料裁剪，成品的花纹朝向应统一，或者按照设计效果进行裁剪
7	有方向的格子纹		不仅有格子，还有方向，除了遵守格子布的对条裁剪要求外，裁剪时裁片还要按同一方向裁剪	10	布边连续性花纹	布边	布边与花纹平行，裁剪与服装设计时优先考虑花纹的方向，再考虑布纹方向，根据款式设计的需要有时可以横向裁剪

二、服装衬布

（一）衬布的作用

衬布是服装的骨架，好的衬布更是服装的精髓，现代衬布的应用，使服装造型和缝制工艺得到了意想不到的效果，衬布的作用大致可归纳为以下六个方面：

（1）赋予服装良好的曲线和廓型。

（2）增强服装挺括性和弹性，增强立体感。

（3）改善服装的悬垂性和面料手感，增强服装的舒适性。

（4）增加服装的厚实性、丰满感和保暖性。

（5）防止服装变形，使服装洗涤后能保持原来的造型。

（6）对服装的某些局部有加固作用。

（二）衬布的种类

根据衬布的应用部位和要求，主要有棉麻衬布、黑炭衬布、树脂衬布、黏合衬布四种（图2-41）。

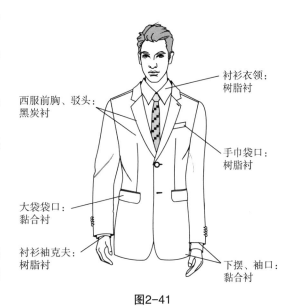

衬衫衣领：
树脂衬

西服前胸、驳头：
黑炭衬

手巾袋口：
树脂衬

大袋袋口：
黏合衬

衬衫袖克夫：
树脂衬

下摆、袖口：
黏合衬

图2-41

1. 棉麻衬布

棉麻衬布指未经整理加工或仅上浆硬挺整理的棉布或麻布，是较原始的早期衬布品类。

2. 黑炭衬布

黑炭衬布又名"毛衬"，是由棉、化纤、羊毛纯纺或混纺作经纱，化纤与牦牛毛或其他动物毛混纺作纬纱的衬布。主要应用于西服、大衣等前片、驳头等部位，有时黑炭衬与针刺棉组合使用作为男西装的胸衬（图2-42）。

3. 树脂衬布

树脂衬布是棉及化纤纯纺、混纺的机织或针织布，经练漂或染色等其他整理，并经树脂整理制成的衬布，简称"树脂衬"。广泛应用于服装衣领、袖克夫、袋口、腰头等部位（图2-43）。

图2-42　　　　　　　　　　　　　　　　图2-43

4. 黏合衬布

随着化学工业的发展，黏合衬成为衬布的主要发展方向。黏合衬是在基布上涂一层热熔黏胶颗粒，通过加热加压将黏合衬和裁片粘合。黏合衬制作工艺方便快捷，根据黏合衬基布的不同可分以下三类。

（1）机织黏合衬布：将棉及化纤纯纺或混纺的机织物，经练漂或染色等整理成基布，再将热熔胶颗粒均匀涂在基布上制成的黏合衬布。机织黏合衬比较稳定，抗皱能力较强，色彩选择多，价格稍高，多应用于机织面料或与机织衬相适应的高端面料。衬衫、外套、毛呢西装等服装上都有应用。

（2）针织黏合衬布：将棉及化纤纯纺或混纺的针织物，经练漂或染色等整理成基布，再将热熔胶颗粒均匀涂在基布上制成的黏合衬布。针织黏合衬比较软、薄，有弹性，多应用于针织面料或与针织衬相适应的面料。

（3）非织造热熔黏合衬布：又称"无纺黏合衬"，是指非织造织物经热熔胶颗粒涂层加工后制成的衬布。无纺黏合衬制作方便，价格便宜，厚薄以克重为计算标准，多用于中低端服装。

（三）衬布与面料黏合的条件

（1）黏合温度：根据黏合胶的热熔温度选定合适的黏合温度。

（2）黏合压力：适当的压力可增加黏合牢度。

（3）压烫时间（速度）：压烫适当的时间，黏合牢度较好。

使用黏合机粘衬时，可以调节温度、压力、传送速度，在一定范围内三要素相互作用时有一定的联系。温度提高，压力加大，则压烫时间可相对缩短，反之亦然。温度过高，压烫时间过长，则易破坏面料的性能和颜色，也易产生透胶，压力过大，易破坏面料（特别是轻薄面料）的外观。

粘合后布面要平整，无皱、无泡、无透胶。粘合后，要进行剥离强力、干洗、水洗性能测试，测试结果要达到制作的要求。粘合的效果要达到服装的风格、特征要求。

三、服装里料

服装里料是缝在服装内侧的布料。里料的性能应与面料的性能相适应，包括厚薄、缩水率、耐洗度等指标，里料的色彩宜与面料的色彩相协调，一般里料色彩应深于面料，里料要光滑、耐用（图2-44）。

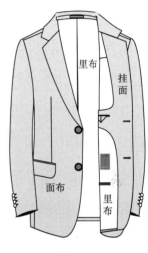

图2-44

（一）里布的作用

（1）隐藏面布缝制缝份，简化工艺，美化内里结构。

（2）里布选用光滑材料，可以减小摩擦力，方便穿脱。

（3）保护面布，阻挡汗渍和磨损。

（4）冬季服装里布有保暖功效，透明材料服装设置里布有遮挡作用。

（二）里布的种类

服装的里布，一般要求薄、垂、软，尽量不影响面料的质感和衣服的整体造型。根据里料的材质等特征，常用的里布可分为以下六种：

（1）棉质里布：有纯棉里布、涤棉里布、棉绸里布等类型，常用于休闲服。棉质里布用于纯棉休闲衬衣、休闲裙、休闲外套，材质柔软、外观质朴。

（2）雪纺里布：轻薄、飘逸、半透明。雪纺里布主要应用于夏季的裙装中，透气、凉爽、防透。

（3）色丁里布：也叫"仿真丝""油丁"，光泽好，较柔软。常用来做礼服、裙装、女装、外套等衣服的里布。

（4）美丽绸、人造丝斜纹绸和棉线绫：都是黏胶纤维或黏纤与棉纱的交织品，缩水率较高，美丽绸是用100%的人造丝作经纬线的斜纹织品，质地平滑光亮、坚牢，手感柔和，缩水率为5%。人造丝斜纹绸是用100%人造丝制成的斜纹绸织物，光滑坚牢是其突出优点。可作为大衣、西服、丝绸等较高档服装的里布。

（5）针织里布：经编结构无须锁边也不易撕裂，拥有滑爽如内衣般的轻柔触感及贴合人体的高垂感，可用来搭配针织服装、运动服。

（6）真丝里布：真丝里布价格昂贵，适用于丝绸、礼服等高档的服装。

四、服装填料

服装填料，就是放在面料和里料之间起保暖、降温、防护、造型等作用的材料。

（一）服装填料的作用

（1）服装填料主要是起到保暖作用，注重舒适性、蓬松保温性。

（2）功能性产品填料里加上草药或者其他利于身体的成分，使得服装具有保健的作用。

（3）在军事领域会在服装填料里增加有防弹性能的材料。

（二）服装填料的分类

1. 絮状填料

絮状填料主要为棉花、羽绒、丝棉，成衣时必须附加里子（有的还要加衬胆），并经过机纳或手绗。

（1）棉花：是较为常用的保暖材料，穿上有棉花填料的衣服温暖舒适，价格相对低廉。

（2）羽绒：一般由禽类的短羽绒加工而成的，是防寒服的主要填料，蓬松轻薄是羽绒的一大特点，以鸭绒、鹅绒较为常见。

（3）丝棉：是由蚕丝整理后的絮状材料，丝棉弹性极佳而且保暖，织物一般要干洗且丝棉价格较高，常作为高档棉服的填料。

（4）腈纶：纤维加工而成的腈纶棉填料既保暖又不易变形，但腈纶棉透气性较差。

2. 材料填料

材料填料包括天然毛皮、人造毛皮、太空棉等。

（1）天然毛皮：将动物皮和毛一起取下来的处理方式，使得皮毛更加柔软、透气，保暖效果佳。常见的毛皮有羊毛皮、兔子毛皮、狐狸毛皮等，主要以羊毛皮居多。

（2）人造毛皮：以人工方法制成的仿兽毛皮，制造方法有针织（纬编、经编和缝编）和机织等，针织纬编法发展最快、应用最广。腈纶、改性腈纶、氯纶等均可作人造毛皮原料。人造毛皮保暖性虽不及真毛皮，但其轻柔、美观，又保护了动物，还可干洗。

（3）太空棉：太空棉属于棉质材料加工技术，是一种开放式细胞结构，具有温感减压特性，可制作各种服装、特种职业装、鞋、帽、床上用品、帐篷及门帘、窗帘等。

太空棉是一种超轻、超薄、高效保温材料，在防寒、保温、抗热等性能方面远远超过传统的棉、毛、羽绒、裘皮、丝绵等材料，透气性、舒适性也较膨松棉更优。太空棉服装，具有轻、薄、软、挺、美、牢等特点，可直接加工无须再整理及绗线。

五、线带类材料

（一）线类材料

线类材料主要是指缝纫线等线类材料以及各种线绳线带材料。

选择服装用线时应注意除装饰线外，线的色泽与面料要一致，应尽量选用相近色，缝线缩率应与面料一致，缝纫线粗细应与面料厚薄、风格相适宜。缝线材料应与面料材料特性接近，线的色牢度、弹性、耐热性要与面料相适宜，尤其是成衣染色产品，缝纫线必须与面料纤维成分相同（特殊要求除外）。

1. 缝纫线

缝纫线在服装中起到缝合衣片、装饰美化的作用。缝纫线按原料可分为天然纤维缝纫线、化学纤维缝纫线及混纺缝纫线三大类。下面为四种常用的缝纫线的特性。

（1）棉缝纫线：耐热性好，弹性、耐磨性、抗潮性、抗细菌能力较差，适用于高速缝纫和耐久压烫。纯棉缝纫线常用于缝制纯棉服饰及其他纯棉面料的服装。

（2）涤纶缝纫线：强度高，线迹平挺美观、耐磨；不霉不腐，价格低，颜色丰富，不易掉色，不皱缩，是市场主要的缝纫线。

（3）涤棉缝纫线：由65%涤纶短纤维和35%棉纤维混纺制成，线的强度高、耐磨性好、缩水率小、柔韧性及弹性较好、耐热性好，可缝制各种衣物。

（4）尼龙缝纫线：强力大、弹性好，质地光滑、有丝质光泽，耐磨性优良。

2. 绣花线

绣花线是用优质天然纤维或化学纤维经纺纱加工而成的刺绣用线，绣花线品种繁多，依原料分为丝、毛、棉绣花线等。最常用的绣花线是人造丝与真丝线。

（二）带类材料

服装上常用到松紧带、罗纹带、帽墙带、人造丝饰带、彩带、绲边带和门襟带等带类材料。

六、紧扣类材料

（一）紧扣类材料的作用

紧扣类材料在服装中主要起连接、组合和装饰的作用，它包括纽扣、拉链、钩、环与尼龙子母搭扣等种类。

（二）紧扣类材料选择原则

（1）服装的种类：如婴幼儿及童装紧扣材料宜简单、安全，一般采用尼龙拉链或搭扣；男装注重实用性，女装注重装饰性。

（2）服装的设计和款式：紧扣材料应讲究流行性，达到装饰与功能的统一。

（3）服装的用途和功能：如风雨衣、游泳装的紧扣材料要能防水且耐用，宜选用塑胶制品。女性内衣的紧扣件要小而薄，重量轻而牢固，裤子门襟和裙装后背的拉链一定要自锁。

（4）服装的保养方式：如常洗服装应少用或不用金属材料。

（5）服装材料：如粗重、起毛的面料应用大号的紧扣材料，松散结构的面料不宜用钩、襻和环。

（6）安放的位置和服装的开启形式：如服装紧扣处无搭门不宜用纽扣。

（三）纽扣分类

纽扣就是衣服上用于两边衣襟相连的系结物。

1. 按纽扣直径大小分

纽扣的型号换标公式为：型号=纽扣直径（mm）/0.635。如纽扣直径为13mm，纽扣型号为20#（13/0.635=20）。

2. 按材料分

（1）天然类：有真贝扣、木头扣、竹子扣、果实扣、果壳扣等。

（2）化工类：树脂扣、陶瓷扣、塑料扣、组合扣、尿素扣、喷漆扣、电镀扣、布条扣等。

（3）其他类：中国结、四合扣、金属扣、牛角扣、仿皮扣、工字扣、牛仔扣、磁铁扣、激光字母扣、振字扣等。

3. 按孔眼分

（1）暗眼扣：一般在纽扣的背面，经纽扣径向穿孔。

（2）明眼扣：直接通纽扣正反面，一般有四眼扣和两眼扣。

（3）高脚扣：扣眼在纽扣的背面，但是在纽扣的背面有一个柄，柄上有一个孔。

4. 按安扣方法分

（1）线缝扣：直接用线缝制到衣服上。

（2）四合扣：采用模具打扣在衣服上。

第三章

半身裙制板裁剪与缝制工艺

第一节　半身裙概述

一、半身裙定义

半身裙是指穿着在腰围以下同时包裹双腿的裙装样式，裙子通风散热性能好，穿着方便，行动自如又美观，样式变化多端。

二、半身裙分类

（一）按裙长区分

设身高为h，即服装号型中的号，图3-1为身高160cm女子裙长参考数据，其他号型的裙长可以按身高档差推算。

（1）超短裙：超短裙也称"迷你裙"，裙长为0.2h+4左右。

（2）短裙：长度至大腿中部，裙长为0.25h+4左右。

（3）及膝裙：长度至膝关节上侧，裙长为0.3h+6左右。

（4）过膝裙：长度至膝关节下侧，裙长为0.3h+10左右。

（5）中长裙：长度至小腿中部，裙长为0.4h+6左右。

（6）长裙：长度至脚踝骨，裙长为0.6h左右。

（7）拖地长裙：长度至地面，可以根据需要确定裙长，长度大于0.6h。

（二）按裙体廓型区分

半身裙按裙体廓型区分大致可分为直身裙、A字裙、波浪裙三大类（图3-2）。

（1）直身裙：侧缝臀围线以下垂直倾角为0°或向内。

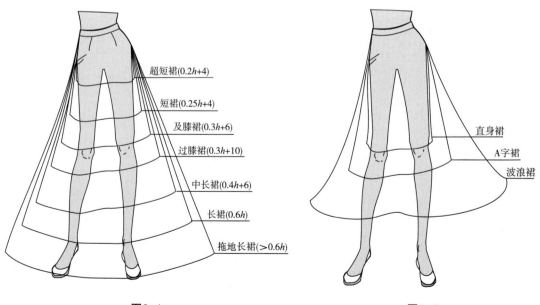

超短裙(0.2h+4)
短裙(0.25h+4)
及膝裙(0.3h+6)
过膝裙(0.3h+10)
中长裙(0.4h+6)
长裙(0.6h)
拖地长裙(>0.6h)

直身裙
A字裙
波浪裙

图3-1　　　　　　　　　　　　　　　图3-2

（2）A字裙：侧缝臀围线以下垂直倾角向外较小。

（3）波浪裙（斜裙、喇叭裙）：侧缝臀围线以下垂直倾角向外较大。

按裙腰在腰节线的位置区分有中腰裙、低腰裙、高腰裙。

以基本裙形为基础综合变化后有多片喇叭裙、螺旋喇叭裙、纵向分割鱼尾裙、横向分割鱼尾裙、斜向分割鱼尾裙、褶裥裙、方形面料裁剪裙、裙裤等种类。

第二节　半身裙制板

一、半身裙原型

半身裙的板型设计以直身原型裙为基础，进行变化。原型裙贴体部位较多，属于紧身裙板型，直腰、自臀围线以下呈垂直状态，前后各收四个腰省。以我国成年女子160/68A号型为标准进行原型裙纸样设计。

（一）规格设计（表3-1）

表3-1 　　　　　　　　　　　　　　　　　　　　　　　　单位：cm

号型	部位	裙长（L）	腰围（W）	臀围（H）	腰头宽	臀腰差	股上长
160/68A	净尺寸	—	68	90		—	18
	成品尺寸	56	68	92	3	24	18

（二）半身裙原型

以160/68A号型为例设计半身裙原型纸样，省道量按臀腰差（一半）的百分数分配，前片内两个省各占15%，后片内两个省各占20%，侧缝省占30%。依人体特征，省长和位置如图3-3所示。

二、A字裙制板

（一）款式特征（图3-4）

裙子从腰口至臀围附近合体，至下摆逐渐放大呈A字形，侧缝有一定的向外偏斜度，后中装拉链。

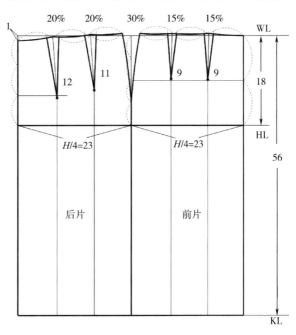

图3-3

侧面　　　　背面

图3-4

（二）规格设计（表3-2）

表 3-2　　　　　　　　　　　　　　　　单位：cm

号型	部位	裙长（L）	腰围（W）	臀围（H）	腰头宽	腰围至臀围	摆围
160/68A	净尺寸	—	68	90	—	18	—
	成品尺寸	50	68	98	3	18	120

（三）结构设计

A字裙在原型裙的基础上增加裙摆量。通过原型省尖的剪开线剪开纸样，在下摆处展开3~4cm，两个省量变小，还在侧缝的基础上放出一半的展开量，裙长可在原型裙基础上作下摆的平行线以增长或缩短图中距离*（图3-5）。

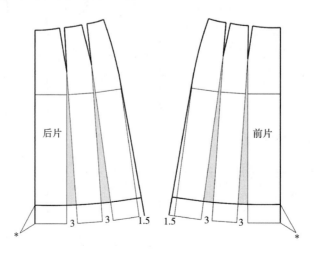

后片　　　　　　　　　前片

图3-5

A字裙余省合并一个省，故A字裙的臀腰差在腰口只收一个省（图3-6）。

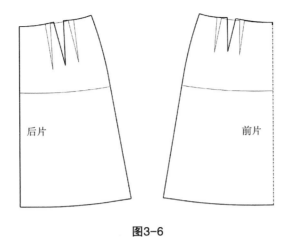

图3-6

（四）A字裙纸样

未注明处缝份为1cm，在省底、拉链止点等处做刀眼，画上布纹线，注明布纹线信息（图3-7）。

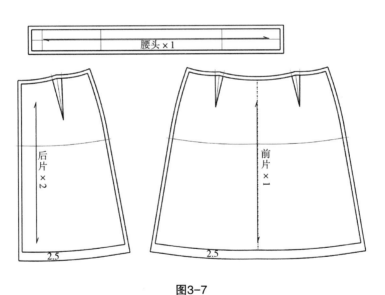

图3-7

三、喇叭裙制板

（一）款式特征

裙子从腰口至下摆逐渐放大呈喇叭形，无腰省（图3-8）。

（二）结构设计

（1）设计原理：在原型裙的基础上增加裙摆量，通过原型省尖的剪开线剪开纸样，合并全部腰省量，下摆自然分开，还可在剪开线的基础上展出一定的量（图3-9）。

图3-8

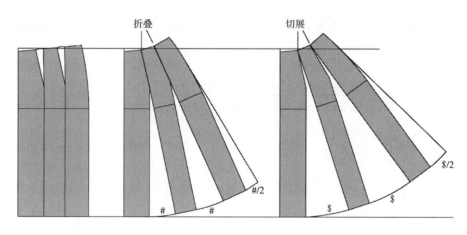

图3-9

（2）用圆周率公式进行半圆裙纸样制作：腰围W，裙长L，腰头宽3cm，计算出作半圆的两个半径$R_1=W/3.14$和$R_2=R_1+L-3$（图3-10）。

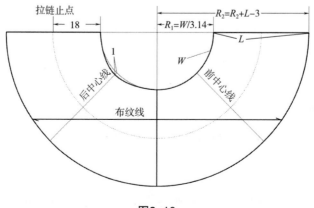

图3-10

（3）用圆周率公式进行全圆裙纸样制作：腰围W，裙长L，腰头宽3cm，计算出作圆的两个半径$R_1=W/6.28$和$R_2=R_1+L-3$（图3-11）。

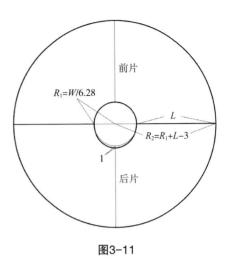

图3-11

四、育克裙制板

（一）款式特征

育克是英文yoke的英译，一般指服装衣片上方的横向分割线，在服装中育克分割线设计应用广泛，在结构上暗藏省道，应注意省道转移在结构设计上的应用。

本款裙外形为A字裙轮廓，后片上部有育克分割，前中装拉链（图3-12）。

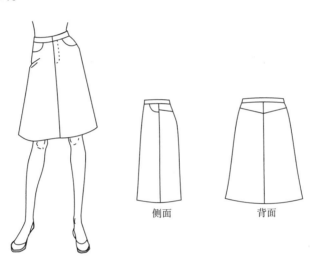

侧面　　　　背面

图3-12

（二）规格设计（表3-3）

表 3-3

单位：cm

号型	部位	裙长 （L）	腰围 （W）	臀围 （H）	腰头宽	拉链长	摆围
160/68A	净尺寸	—	68	90	—	—	—
	成品尺寸	56	68	96	3	15	132

（三）结构设计

本款育克裙外轮廓造型为A字形，先将原型裙切展为A字裙（参考A字裙纸样制作），按设计要求绘制前口袋和育克线位置，前腰省设在前口袋和两侧缝中（图3-13）。

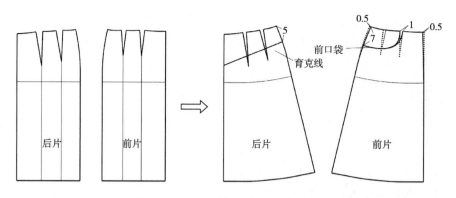

图3-13

再将后腰省合并转入育克线，省尖其中的一部分作归拢量，其余在侧缝中消除（图3-14）。

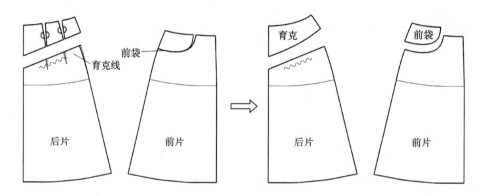

图3-14

五、鱼尾裙制板

（一）款式特征

本款鱼尾裙从腰围至臀围到下摆先收后放，横向分割呈鱼尾形，直腰，后中装拉链，宜选用垂感好的面料制作（图3-15）。

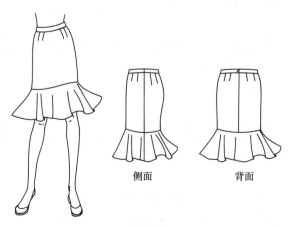

侧面　　　　背面

图3-15

（二）规格设计（表3-4）

表 3-4

单位：cm

号型	部位	裙长（L）	腰围（W）	臀围（H）	腰头宽	鱼尾高	拉链长
160/68A	净尺寸	—	68	90	—	—	—
	成品尺寸	56	68	92	3	12	18

（三）结构设计

本款式鱼尾裙外轮廓造型为直身裙拼接喇叭形鱼尾造型，按设计要求将原型裙收侧缝后，将鱼尾部分作等分切展（图3-16）。

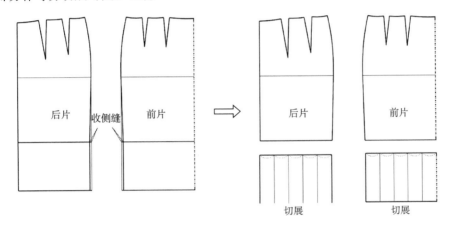

图3-16

将鱼尾部分切展成喇叭形（图3-17）。

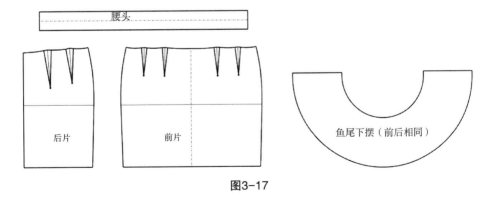

图3-17

六、蛋糕裙制板

（一）款式特征

本款蛋糕裙由三块方形面料抽褶构成，横向分割成三段，腰口束橡皮筋（图3-18）。

图3-18

（二）规格设计（表3-5）

表3-5
单位：cm

号型	部位	裙长（L）	腰围（W）	臀围（H）	腰头宽	摆围	橡皮筋长
160/68A	净尺寸	—	68	90	—	—	—
	成品尺寸	75	50~80	114	3.5	248	约50

（三）结构设计（图3-19）

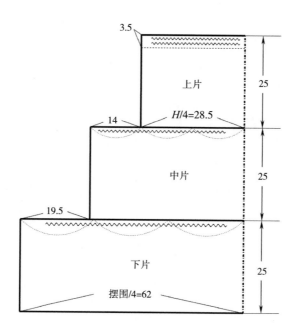

图3-19

（1）前后片相同，臀围放松量为20~30cm。

（2）每节裙长可相等，或从上至下依次增长。

（3）每节裙宽比上一节多出1/3左右。

（4）腰围处束橡皮筋，约为净腰头70%。

（5）为方便、节约排料，可直排。

第三节　半身裙排料、裁剪与缝制工艺

本节以A字裙为例，介绍半身裙的排料与裁剪。

一、单件 A 字裙制作材料准备

（1）面料：羊毛、毛涤、混纺面料等，有效布幅145cm时的采购面料数量见排料图。

（2）里料：本款式无需里布。

（3）衬料：黏合衬适量，腰硬衬一块。

（4）后中拉链：按门襟纸样长度量取，本款式为20cm。

（5）标：主标1个，洗水标1个，尺码标1个。

（6）缝纫线：与面料同色，按用布配色购买。

二、面料的整理与样板排列

（一）面料的缩水与纱向整理

（1）没有进行防缩防水处理的面料要先水洗预缩，或根据面料的性能用蒸汽熨斗进行预缩。

（2）已进行防缩防水处理的面料，要从面料的反面进行熨烫，用烫斗一边烫正纱向一边平缓拉伸面料。

（二）样板的检查

（1）检测各设计尺寸是否正确，相关缝合部位是否等长或者有相应的吃缝、归拔量。

（2）将纸样上的省道按缝合倒向折叠，用立体的思维进行修正腰口弧线。

（三）样板的排列

（1）面料排料要求：

①必须同方向地排列样板的面料：条格有方向性的面料，有光泽的起绒面料如金丝绒、灯芯绒等，单向性花纹面料等。

②需对条对格面料：单元格大于1cm的条格、印花面料。

③定点印花或绣花面料：要按照设计要求定位排料裁剪。

（2）面布的排列（面料布幅145cm）：

①当裙长超短时，为节省面料用量，腰片用横料，排料长度=裙长+腰头宽+缝份（约

65cm)(图3-20)。

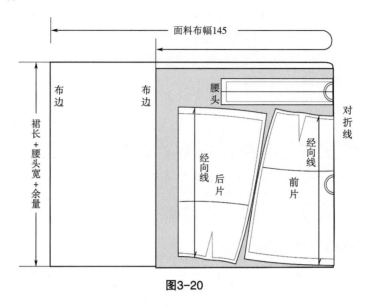

图3-20

②腰片为直料时，排料长度=腰围+里襟+缝份（约75cm）（图3-21）。

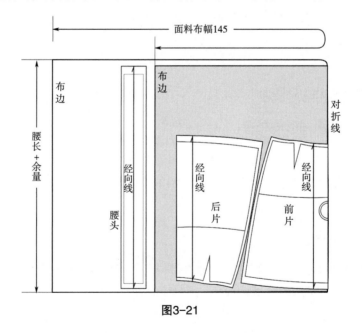

图3-21

（四）作缝制标记

可根据面料状况及部位，选用作标记的方法，如线丁、粉印、眼刀、针眼等。

三、缝制工艺

（一）粘衬

A字裙腰头粘合腰头专用衬（图3-22）。

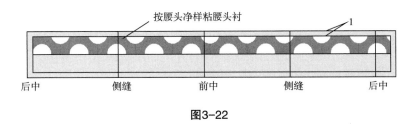

图3-22

（二）锁边

将裁片侧缝、后中心线、下摆锁边（图3-23）。

图3-23

（三）安装隐形拉链

（1）将左右后裙片正面相叠，按缝份缝合，拉链位按长针距缝合，其他部分按正常针距缝合（图3-24）。

（2）用熨斗分烫中心缝份，将拉链与后片中心线重叠对应后，缉缝0.8cm线将拉链固定（图3-25）。

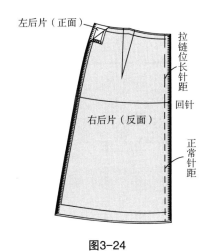

图3-24

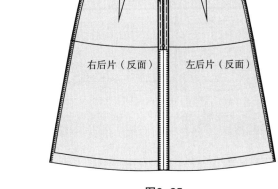

图3-25

（3）拆除长针距假缝线，将拉链拉至底部，用单边压脚，在靠近拉链齿0.1cm处将拉链与后中心缝份和中心缝份缝合在一起，缝合线迹必须完全与净样线重叠（图3-26）。

（四）缝合前后片省道

（1）按标记缝合前后片省道，注意省尖要收尖收顺，线头打结藏起（图3-27）。

（2）用熨斗将省倒向中心处，将省尖处归拔，不起泡（图3-28）。

（五）缝合侧缝

（1）按标记缝合前后片侧缝（图3-29）。

（2）将侧缝分缝烫平。

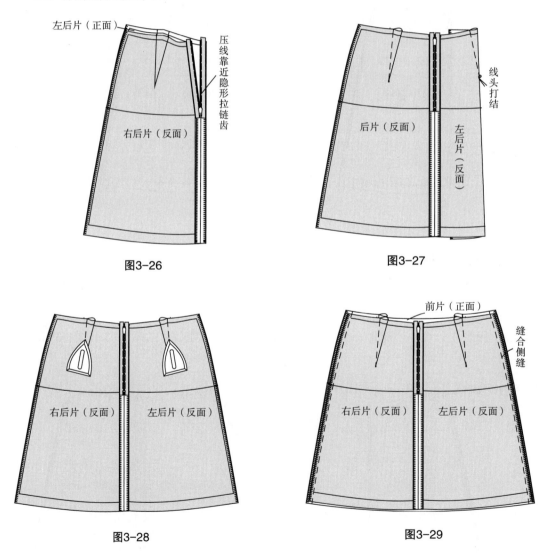

图3-26

图3-27

图3-28

图3-29

（六）安装腰头

（1）做腰：腰头烫衬、划样、扣烫。将腰头衬按净缝裁剪，粘烫在腰头反面，将毛样按腰头工艺样板画样后扣烫，腰头比腰口短1cm左右的缩缝量（图3-30）。

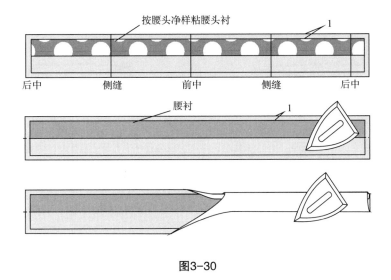

按腰头净样粘腰头衬

1

后中　　侧缝　　前中　　侧缝　　后中

腰衬

1

图3-30

（2）装腰：将腰头与腰口按对位记号面对面对齐，按定位放裤襻，用大头针定位后缉缝（图3-31）。

（3）封腰头：将腰头两端按对位记号缉缝（图3-32）。

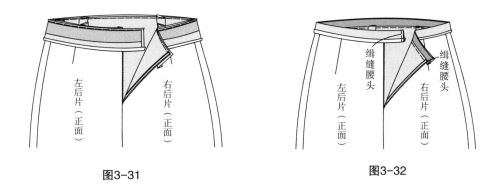

图3-31

图3-32

（4）缉腰缉线：将腰头折转、正面缉线（图3-33）。

（5）安装裤钩（图3-34）。

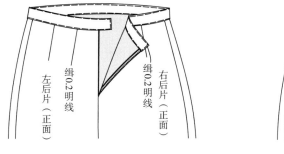

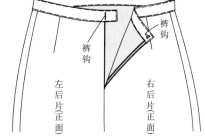

图3-33

图3-34

（七）做下摆

（1）较厚实面料：将裙下摆锁缝，按贴边宽度折转后缉明线（也可以手工暗缲缝，图3-35）。

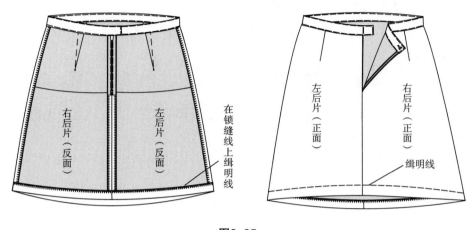

在锁缝线上缉明线

右后片（反面）　左后片（反面）

左后片（正面）　右后片（正面）

缉明线

图3-35

（2）较轻薄面料：将裙下摆按贴边宽度三折转，折转后缉明线（也可以手工暗缲缝，图3-36）。

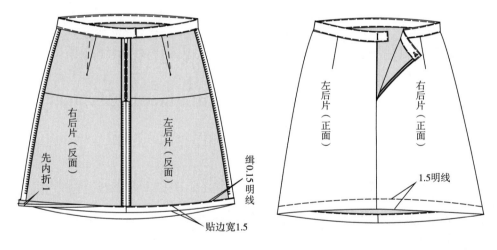

右后片（反面）　左后片（反面）

先内折1

缉0.15明线

贴边宽1.5

左后片（正面）　右后片（正面）

1.5明线

图3-36

第一节　裤子概述

一、裤子的定义

裤子，英文为Trousers，指人穿在腰部以下，由两条裤腿缝纫而成的服装。

二、裤子的分类

（一）以裤子长短进行分类

以裤子长短进行分类可分为长裤、九分裤、七分裤、中裤、短裤和超短裤等，图中数据以身高160cm女子为例，其他号型按档差类推（图4-1）。

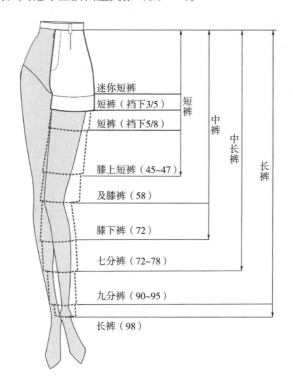

图4-1

（二）以裤子造型进行分类（图4-2、图4-3）

（1）直筒裤：裤子的基本型，裤管呈笔直线形状的造型。

（2）锥形裤：腰至臀围有较多的松量，至脚口渐变为较细的造型，造型呈锥形。

（3）喇叭裤：腰至膝围处一般较合体，膝围至脚口渐变为喇叭形的造型。

（4）阔腿裤：从大腿到裤脚都较宽阔的造型。

（5）铅笔裤：纤细的裤管造型。

（6）裙裤：外观似裙子，具有档部结构的裤子。

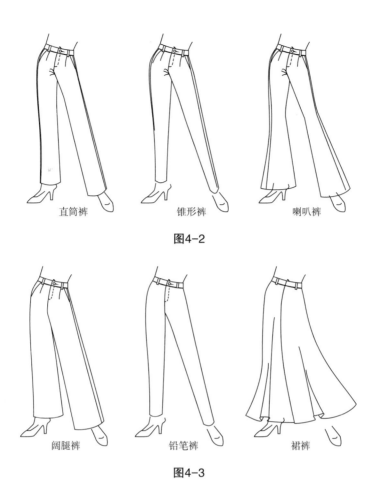

图4-2

图4-3

三、男裤与女裤的差异

如图4-4所示为男子170/76A标准体裤裆尺寸和女子160/68A标准体裤裆尺寸。

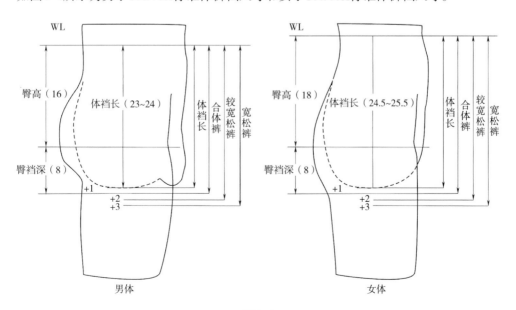

图4-4

（一）男裤特点

男体的腰节较低，这样的体型特点决定了同样的身高，男裤的裤长、立档小于女裤，男体的臀腰差比女体小。

（二）女裤特点

女体的腰节比男体的腰节高，女裤臀腰差大于男裤，女体比男体的后臀更丰满，侧臀更外突，臀峰比男体低，所以女裤比男裤的后腰省量更大、更长，后裆侧斜度更足，同时女裤腰臀外的劈势比男裤更足。

第二节　女裤制板

一、直筒修身女裤

（一）款式特征

直筒修身女裤以我国成年女子160/68A号型为基础进行规格设计，加放人体运动需要的最少臀围松量，款式如图4-5所示。

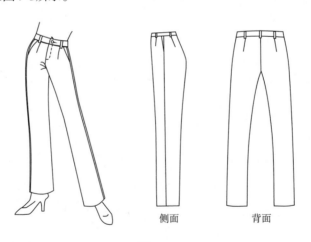

侧面　背面

图4-5

（二）规格设计

1. 直筒修身女裤规格设计（表4-1）

表4-1　　　　　　　　　　　　　　　　单位：cm

号型	部位	腰围（W）	臀围（H）	上档长	裤外侧长	中裆宽	脚口宽（SB）	窿门宽	腰头宽
160/68A	净尺寸	68	90	25	—	36/2	23（踝围）/2	—	—
	成品尺寸	68	94	25	99.5	40/2	38/2	0.15h	3.5

2. 上裆长规格设计

（1）按公式法测算：$(h^* + H^*)/10 +$ 松量（0~1）$=(160+90)/10+0=25cm$（不含腰头宽）。

（2）量身定做：从人体上直接测得。

（3）按实物来样定制：可按裤外侧长减去裤内侧长获得（图4-6）。

（三）结构设计

直筒修身女裤结构设计如图4-7所示。

（四）零部件的绘制（图4-8）

（1）门襟里：宽3cm，与前裤边线平行，长度至臀围线下1cm。

（2）袋垫布：袋口长17cm，与袋口重叠3cm。

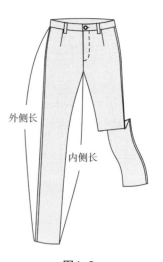

图4-6

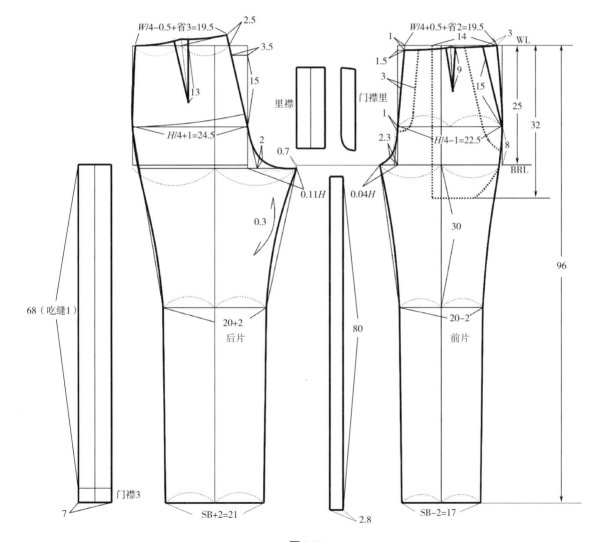

图4-7

（3）袋贴布：宽3cm。

（4）口袋布：对折成口袋，深32cm，宽15cm，袋口处开口。

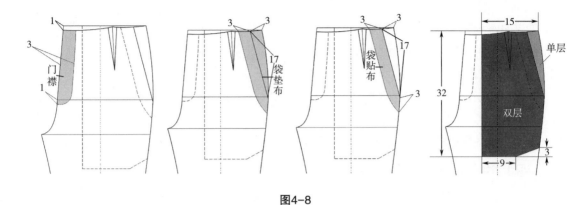

图4-8

（五）纸样制作（图4-9）

（1）加入缝份：脚口处缝份为4cm，其余缝份为1cm。

（2）对位记号：在省底、裤子中裆、臀围侧缝点等处作刀眼，在省尖0.3cm处钻孔。

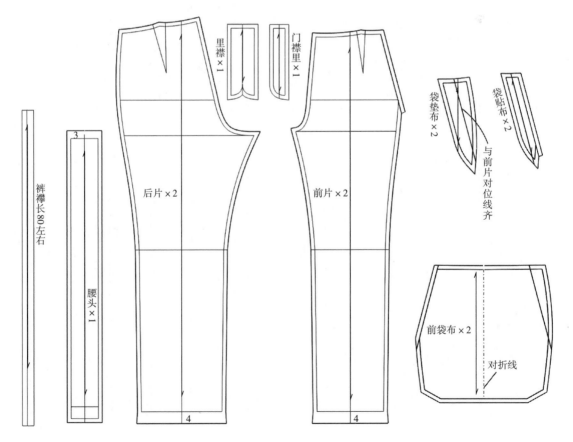

图4-9

（3）画布纹线：为了裁剪的准确性，布纹线即经纱方向应画成通过纸样最长位置、画通、对称，应该在纸样的正反面都画上布纹线，便于翻转纸样裁剪面料。

（4）注明布纹线信息：如款式（号）、纸样名称、片数、必要说明等。

（5）检验：确认前后片侧缝线、前后片下裆缝是否等长，腰围线长度是否与腰头长相等，拼合下裆缝10cm，检查前后窿门是否圆顺。

二、微喇叭弹力牛仔裤

（一）款式特征

微喇叭弹力牛仔裤选用较厚实弹性面料，贴体风格设计，通常用双针明线缝制工艺，臀围松量为负，前片月亮弧形口袋，后片育克分割（图4-10）。

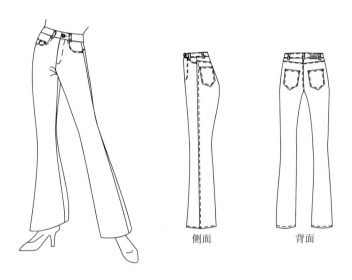

侧面　　　　背面

图4-10

（二）规格设计（表4-2）

表4-2

单位：cm

号型	部位	腰围（W）	臀围（H）	上裆长	裤长（L）	中裆宽	脚口宽（SB）	前裆弧长	后裆弧长	腰头宽
160/68	净尺寸	68	90	28	—	37/2	23/2	—	—	—
	成品尺寸	68	82	28	103	37/2	49/2	25	36	3

（三）结构设计

微喇叭弹力牛仔裤腰头连腰绘制，合并后呈弧形，后片纸样合并省后画顺（图4-11）。

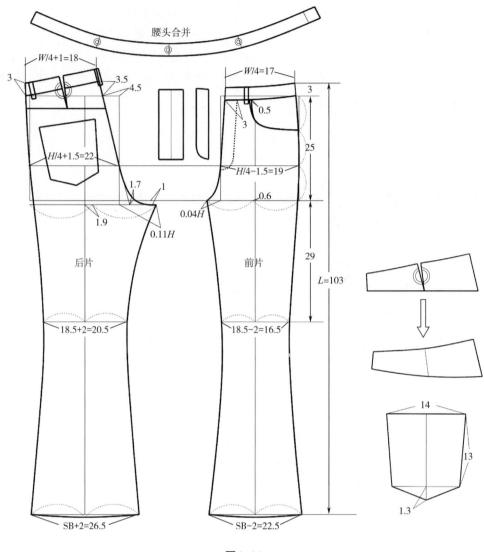

图4-11

三、束腰阔腿裤

（一）款式特征

裤腿自臀围向下至脚口渐渐放大呈喇叭形，裤腿宽松，直裆较深，腰口束橡皮筋（图4-12）。

（二）规格设计（表4-3）

表4-3 单位：cm

号型	部位	腰围（W）	臀围（H）	上裆长	裤长（L）	脚口宽（SB）	前裆弧长	后裆弧长	腰头宽
160/68	净尺寸	68	90	27	—	—	—	—	—
	成品尺寸	62~72	100	29	90	50/2	31	38	4

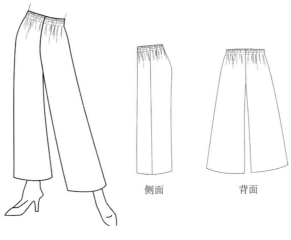

图4-12

（三）结构设计（图4-13）

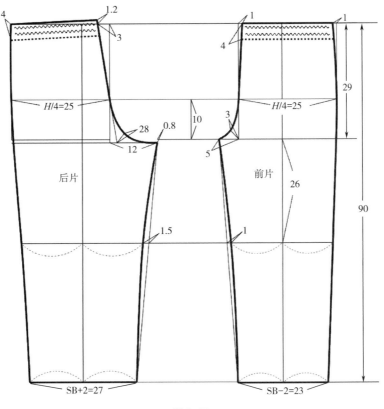

图4-13

四、宽松A字短裤

（一）款式特征

本款宽松A字短裤造型呈A字形，裤腿宽松，前片收褶裥（图4-14）。

图4-14

（二）规格设计（表4-4）

表4-4 单位：cm

号型	部位	腰围（W）	臀围（H）	上裆长	裤长（L）	脚口宽（SB）	前裆弧长	后裆弧长	腰头宽
160/66A	净尺寸	66	90	27	—	—	—	—	—
	成品尺寸	66	98	27	38	63/2	31	38	3

（三）结构设计（图4-15）

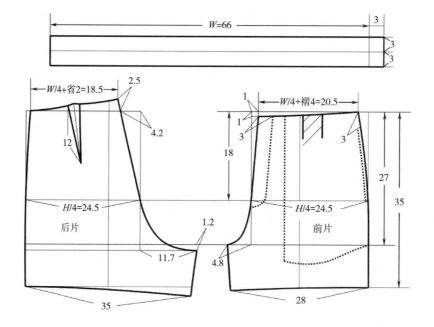

图4-15

第三节　男裤制板

一、修身男西裤

（一）款式特征

本款修身男西裤前腰口无褶，有斜插口袋，后臀有两个双嵌线口袋，为修身贴体裤（图4-16）。

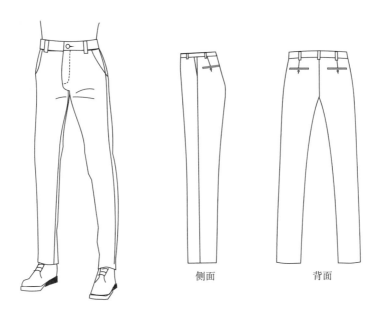

侧面　　　　　背面

图4-16

（二）规格设计（表4-5）

表4-5　　　　　　　　　　　　　单位：cm

号型	部位	腰围（W）	臀围（H）	上裆长	裤长（L）	脚口宽（SB）	中裆宽	前裆弧长	后裆弧长	腰头宽
170/76A	净尺寸	76	90	26	—	—	—	—	—	—
	成品尺寸	78	96	26	102	20	22	23	35	3.5

（三）结构设计（图4-17）

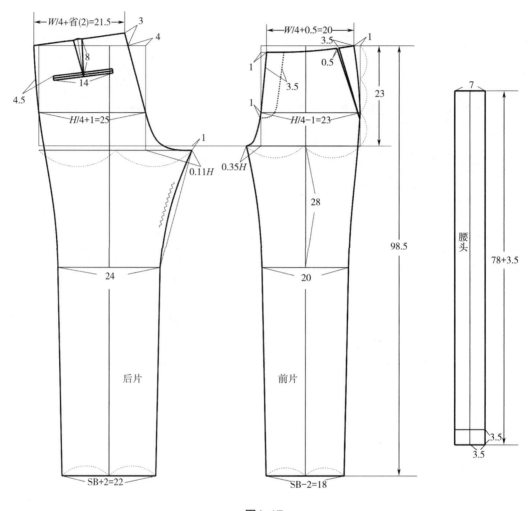

图4-17

二、宽松萝卜男裤

（一）款式特征

本款宽松萝卜男裤前腰口多褶，有斜插口袋，裤身宽松，小脚口（图4-18）。

（二）规格设计（表4-6）

表4-6 单位：cm

号型	部位	腰围（W）	臀围（H）	上裆长	裤长（L）	脚口宽（SB）	中裆宽	前裆弧长	后裆弧长	腰头宽
170/76A	净尺寸	76	90	26	—	—	—	—	—	—
	成品尺寸	78	110	30	97	16	25	28	38	3.5

图4-18

（三）结构设计（图4-19）

本款宽松萝卜男裤有较大的臀围松量，但臀围松量宜分布在前臀围位置，故本款宽松男裤将原型裤前片沿裤中心线和相关辅助线从上端切展。

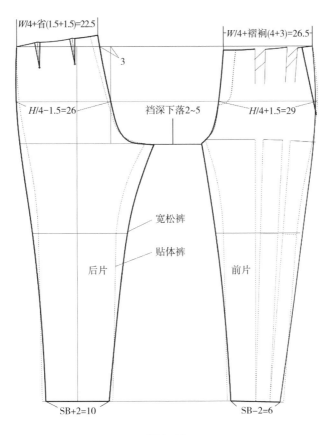

图4-19

第四节　女裤排料、裁剪与缝制工艺

一、单件女裤制作材料准备

（1）面料：羊毛、毛涤、混纺等，有效布幅144cm的采购面料计划数量为：裤长+贴边等（10cm左右）共110cm。

（2）里料：本款式主要为口袋布。

（3）辅料：黏合衬适量，领硬衬一块。

（4）门襟拉链：按门襟纸样长度量取，本款式为20cm。

（5）标：主标个，洗水标1个，尺码标1个。

（6）缝纫线：与面料同色，按用布配色购买。

二、面料的整理与样板排列

（一）面料的缩水与纱向整理

（1）没有进行防缩防水处理的面料要先水洗预缩，或根据面料的性能用蒸汽烫斗进行预缩。

（2）已进行防缩防水处理的面料，要从面料的反面进行熨烫，用烫斗一边烫正纱向一边平缓拉伸面料。

（二）样板的检查

（1）检查各样板部位设计尺寸是否正确，相关缝合部位是否等长或者有相应的吃缝量、归拔量。

（2）纸样的前后片窿门不光顺时要重新修改，直至光顺为止（图4-20）。

（3）将纸样上省道按缝合倒向折叠，用立体的实操方式修正腰口弧线（图4-21）。

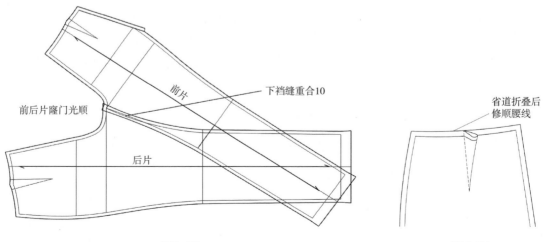

图4-20　　　　　　　　　　　　　　　　图4-21

（三）样板的排列

根据面料的不同，排料时会有一些特别的要求：

（1）必须同方向地排列样板的面料：条格有方向性的面料，有光泽的起绒面料如金丝绒、灯芯绒等，以及单向性花纹面料等。

（2）需对条对格面料：单元格大于1cm的条格、印花面料。

（3）定点印花或绣花面料：要按照设计要求定位排料裁剪。

（4）关于缝份的处理：对于单件定制西裤，在试装后需要修正的地方要多放一些缝份（侧缝、后裆缝上口、脚口等），在多放出的部分用打线钉或画粉作标记。

（5）裤子窿门等弧形部位：缝份不宜太多，否则容易起皱起扭。

面布（面料布幅145cm）的排料如图4-22所示，口袋布（色泽协调的平纹细棉布面料）的排料如图4-23所示。

（四）作缝制标记

可根据面料状况及部位，选用作标记的方法，如线丁、粉印、眼刀、针眼等。

前片：省位、中裆位、脚口贴边。

三、缝制工艺

（一）粘衬

①门襟里、里襟、袋贴布粘合无纺衬（图4-24）。

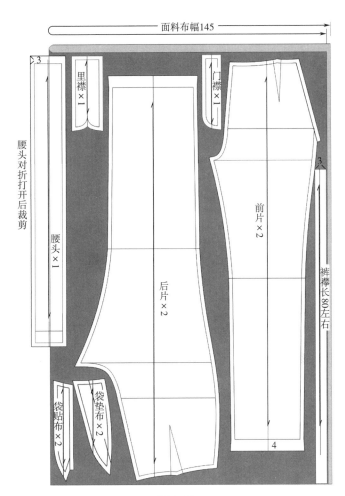

图4-22

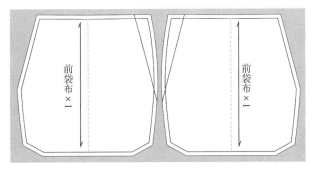

图4-23

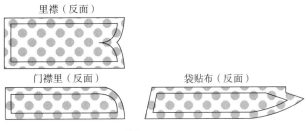

图4-24

②腰头粘合腰头专用衬（图4-25）。

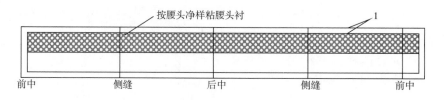

图4-25

（二）裤片归拔

为塑造合体的曲面效果，在缝合前对裁片做归拔整烫处理，裆下拔直，臀腹部窿起（图4-26）。

（三）锁边

将裁片锁缝，斜插袋口和脚口在该部位缝制完成后再锁缝，里襟对折缝合后再锁边（图4-27）。

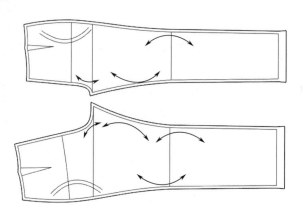

图4-26

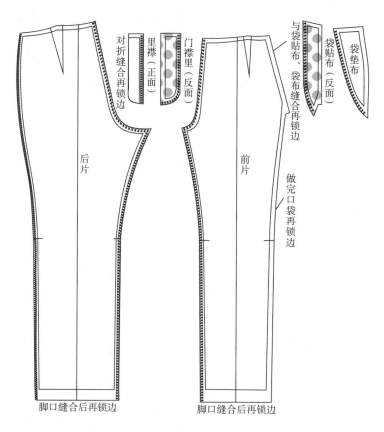

图4-27

（四）做斜插口袋

①将袋垫布和袋贴布缉缝在前斜插口袋布上（图4-28）。

②用来去缝封口袋底边（图4-29）。

③将封好底边的袋布打开，准备与前片袋口重叠对齐（图4-30）。

④袋贴布面对面与前片袋口重叠对齐后缉缝，然后三层一起锁缝（图4-31）。

⑤将前片袋口翻至内侧，烫折定型，反面缉压0.1cm暗线，正面缉缝袋口线。

⑥侧缝线连同袋布一起锁缝（图4-32）。

（五）缝合前后腰省

将前后片翻至反面，按标记缉缝省道，省道倒向中心线（图4-33）。

（六）缝合外侧缝线、下裆缝线，脚口锁缝

①将前后片面对面，中裆线对剪口，按缝份将外侧缝线缉缝（图4-34）。

②分烫缝份（图4-35）。

③缝合下裆缝，随后分烫缝份，脚口锁缝（图4-36）。

（七）安装门里襟、缝合前后裆、装拉链

①安装门襟里：将门襟里与左裤片正面相叠，在前中心线处缉缝0.8cm线，剩余的0.1~0.2cm为面料厚度和虚边量度（图4-37）。

②缝合前后裆缝：从后裆缝向前裆缝缝合至前门襟处，并烫开缝份（图4-38）。

③在右裤片前中心上口以0.8~0.9cm、下口0.2cm进行压线扣烫，长度以里襟为准，然后将里襟、拉链、右裤片按图依次叠放，在右裤片上缉压明线，注意左右裤片长短一致（图4-39）。

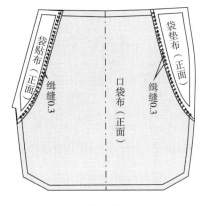

图4-28

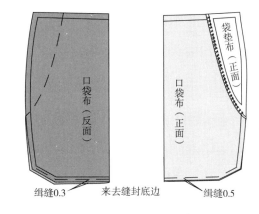

图4-29

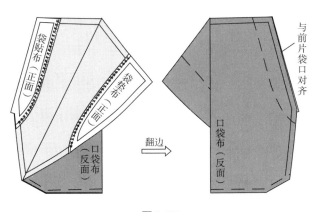

图4-30

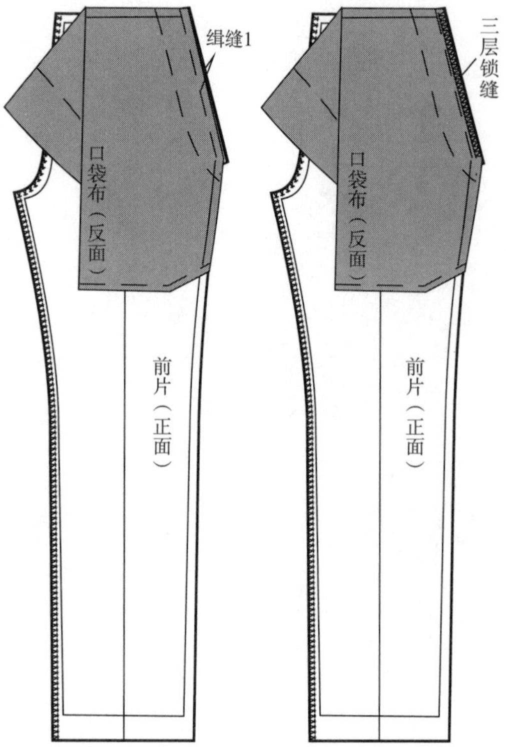
缉缝1
口袋布（反面）
前片（正面）
三层锁缝
口袋布（反面）
前片（正面）

图4-31

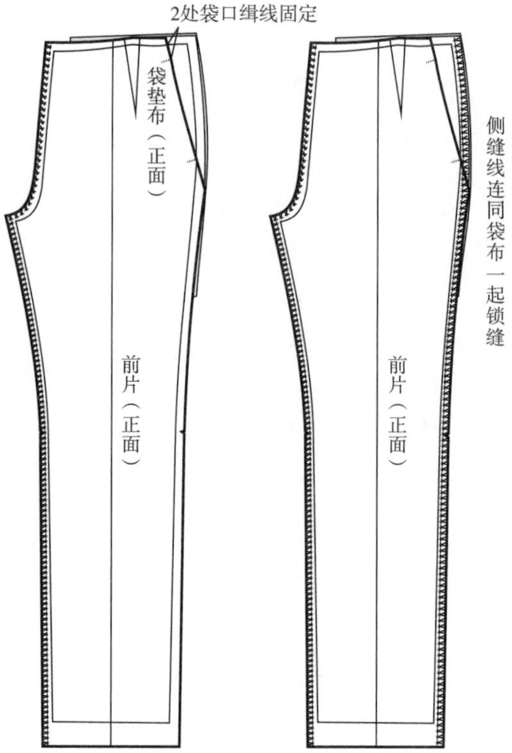
2处袋口缉线固定
袋垫布（正面）
前片（正面）
侧缝线连同袋布一起锁缝
前片（正面）

图4-32

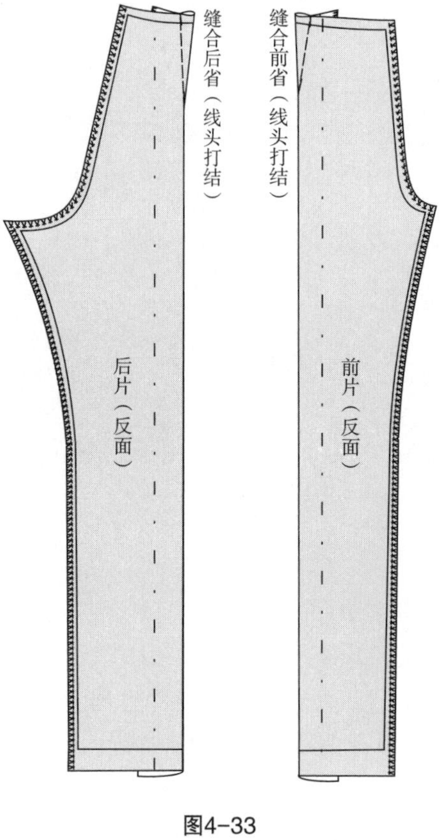
缝合后省（线头打结）
缝合前省（线头打结）
后片（反面）
前片（反面）

图4-33

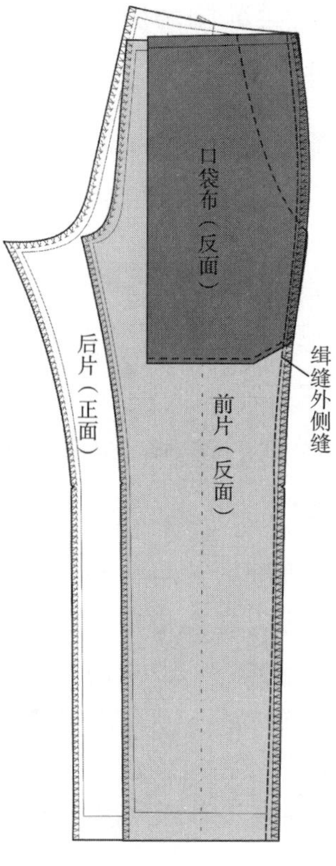
口袋布（反面）
后片（正面）
前片（反面）
缉缝外侧缝

图4-34

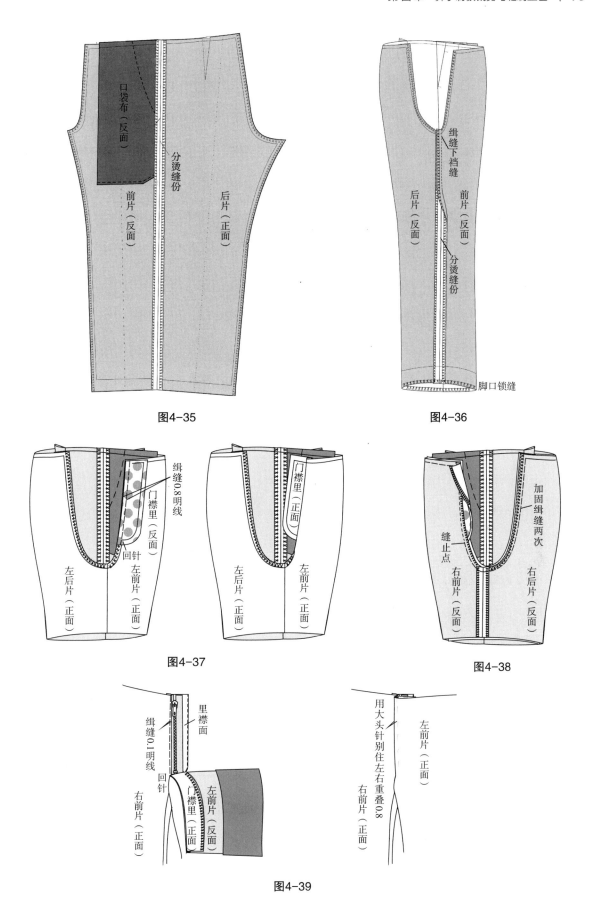

口袋布（反面）

分烫缝份

前片（反面）

后片（正面）

图4-35

缉缝下裆缝

后片（反面）

前片（反面）

分烫缝份

脚口锁缝

图4-36

缉缝0.8明线

门襟里（反面）

回针

左后片（正面）

左前片（正面）

门襟里（正面）

左后片（正面）

左前片（正面）

图4-37

加固缉缝两次

门襟

缝止点

右前片（反面）

右后片（反面）

图4-38

里襟面

缉缝0.1明线

回针

右前片（正面）

门襟里

左前片（反面）

左前片（正面）

门襟里（正面）

用大头针别住左右重叠0.8

左前片（正面）

右前片（正面）

图4-39

④翻开里襟，按拉链定位用手针将拉链绗缝在门襟里上，在左前片正面用隐形笔画好门襟线，将门襟和拉链一起缝牢（图4-40）。

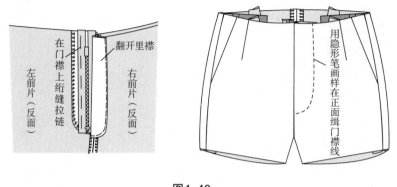

图4-40

⑤放平里襟，将门襟、里襟在门襟底部连接封牢（图4-41）。

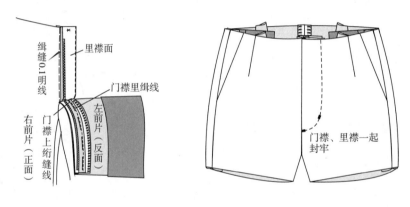

图4-41

（八）安装腰头

①做腰：腰头烫衬、划样、扣烫。将腰头衬按净缝裁剪，粘烫在腰头反面，将毛样按腰头工艺样板画样后扣烫（图4-42）。

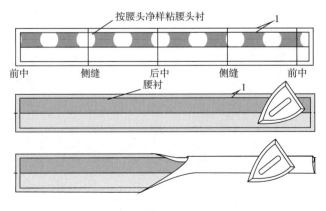

图4-42

②做裤襻（图4-43）。

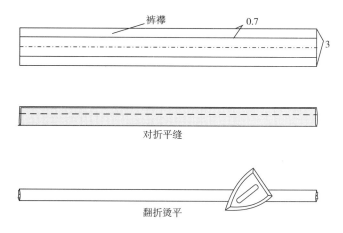

图4-43

③装腰、钉裤襻：将腰头与腰口按对位记号面对面对齐，按定位放裤襻，用大头针定位后缉缝（图4-44）。

④封腰头：将腰头两端按对位记号缉缝（图4-45）。

⑤缲腰缉线：将腰头折转正面缉缝（图4-46）。

（九）整烫

①锁眼、钉扣、缲缝裤脚。

②标准女西裤的整烫要对合内外侧缝后烫出挺缝线（休闲西裤则不需要）（图4-47）。

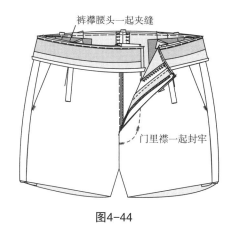

图4-44

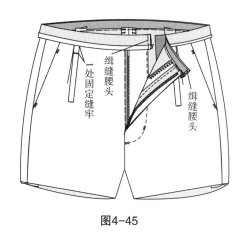

图4-45

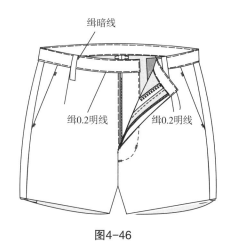

图4-46

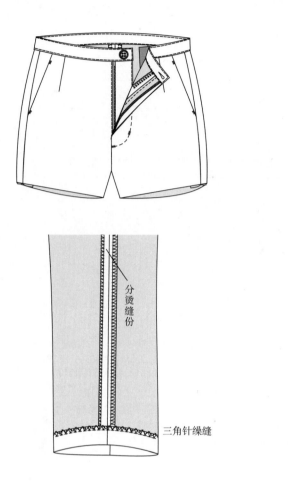
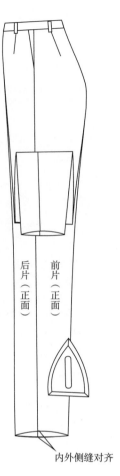

分烫缝份

三角针缲缝

后片（正面）

前片（正面）

内外侧缝对齐

图4-47

第五章

衬衫制板裁剪与缝制工艺

第一节　衬衫概述

衬衫是男女上装的基本单品，穿在内外上衣之间，也可单独穿用。现代衬衫按照功能可分为正装衬衫和休闲衬衫两大类。

一、男衬衫

（一）正装男衬衫

正装男衬衫与西服搭配穿着，也可单独穿着，经典正装男衬衫通常胸前有口袋，袖口有袖头（图5-1）。

图5-1

经典正装男衬衫穿着规范如下：

（1）正规场合应穿白衬衫或浅色衬衫，配以深色西装和领带，以显庄重。

（2）衬衫袖子应比西装袖子长1~2cm，这既体现出着装的层次感，又能保持男士衬衫西装袖口的清洁。

（3）当衬衫搭配领带穿着时（不论配穿西装与否），必须将领口纽、袖口纽和袖衩纽全部扣上，以突显男士的刚强和力度。

（4）衬衫领子比西服领高，领围以塞进一个手指的松量为宜。

（5）不系领带配穿西装时，衬衫领口处的一粒纽扣绝对不能扣上，而门襟上的纽扣则必须全部扣上，否则就会显得过于随便和缺乏修养。

（6）配穿西装时，衬衫的下摆忌穿在裤腰之外。

（7）应尽量选穿曲下摆式样的衬衫，以便于将下摆掖进裤腰内。

（二）休闲男衬衫

休闲男衬衫是用于非正式场合穿着的衬衫。休闲男衬衫的设计相对比较随意，在面料、宽松度、领型、袖型上有较大的变化，常见的休闲男衬衫有牛仔衬衫、针织衬衫、居家衬衫、海滩衬衫等。

二、女衬衫

女衬衫可分为正装女衬衫和非正装女衬衫。一般正装女衬衫板型上比较修身，装饰较少，而非正装女衬衫在款式上变化幅度较大，结构上廓型有多种形式，有时富有丰富的装饰细节。

第二节　男衬衫制板

一、正装男衬衫制板

（一）款式特征

商务男衬衫，纯棉素色薄型面料。衣身构成为"T"形轮廓，卡腰身；左胸有贴袋一个，后片有覆肩，弧形下摆；翻门襟六粒扣；衣领为翻立领；长袖，袖口处装宝剑头袖衩，收两个褶裥（图5-2）。

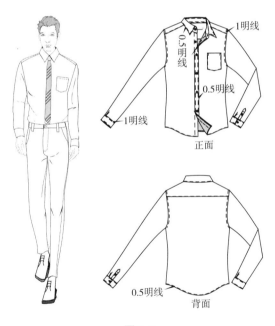

图5-2

（二）规格设计（表5-1）

表 5-1　　　　　　　　　　　　　　　　　　　单位：cm

号型	部位	后衣长（L）	胸围（B）	腰围（W）	肩宽（S）	袖长（SL）	袖口围（CW）	领围（N）	衣摆围
175/92A	净尺寸	—	92	76	44	62（臂长）	—	39	94（臀围）
	成品尺寸	77	112	104	47	62	25	40	110

按成年男子175/92A号型进行规格设计（图5-3）。

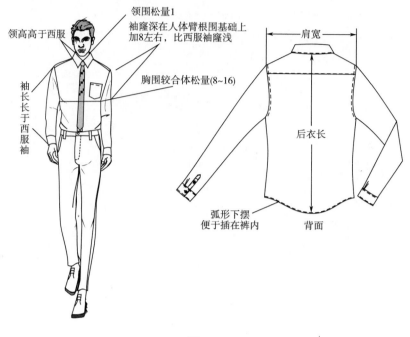

领围松量1

领高高于西服

袖窿深在人体臂根围基础上
加8左右，比西服袖窿浅

袖长长于西服袖

胸围较合体松量(8~16)

肩宽

后衣长

弧形下摆
便于插在裤内

背面

图5-3

（三）结构设计

按男衬衫原型进行结构设计，前片浮余量下放到腰和袖窿处作为松量；后片浮余量在后覆肩中消除（图5-4）。

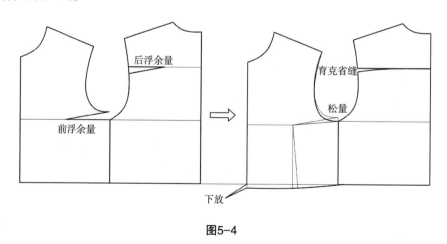

后浮余量

育克省缝

松量

前浮余量

下放

图5-4

1. 大身结构设计（图 5-5）

2. 袖子结构设计

按前后平均袖窿深3/5左右定袖山高，按FAH-0.8、BAH-0.6绘制前后袖山斜线，在前后袖肥宽向下作辅助线，袖克夫与袖肥的差作为袖口两端劈量和袖中褶裥量，考虑袖身的前倾性，后袖口劈量大于前袖口劈量（图5-6）。

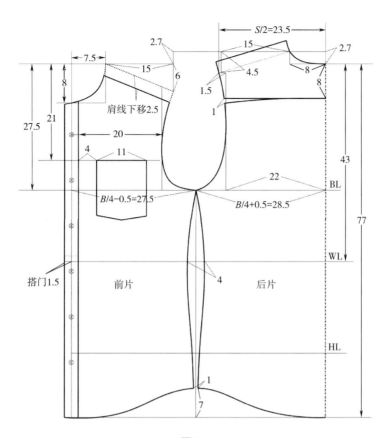

图5-5

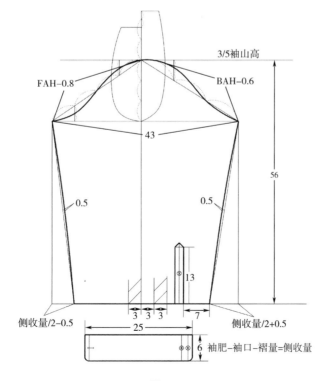

图5-6

3. 领子、袖衩结构设计

衬衫领由领座和翻领两部分构成，如图5-7所示，袖衩结构设计如图5-8所示。

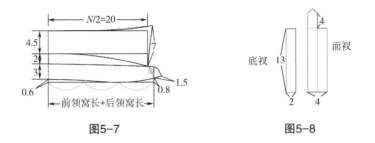

图5-7　　　　　　　　　　图5-8

（四）纸样制作

以下缝份与标注按照暗包缝工艺放量，未注明部分缝份为1cm（图5-9）。

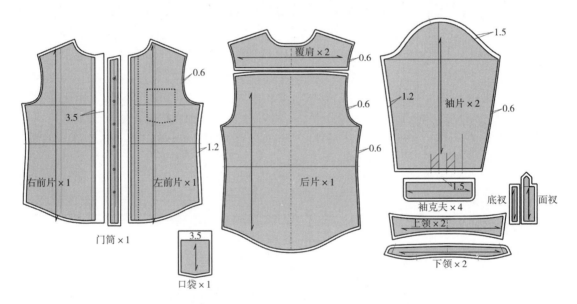

图5-9

二、宽松落肩男衬衫制板

（一）款式特征

宽松休闲男衬衫为单门襟七粒扣，翻立领，落肩袖（图5-10）。

（二）规格设计（表5-2）

表5-2　　　　　　　　　　　　　　　　　　单位：cm

号型	部位	后衣长（L）	胸围（B）	肩宽（S）	袖长（SL）	领围（N）	下领高	上领高
170/92A	净尺寸	—	92	44	—	39	—	—
	成品尺寸	74	122	62	24	42	3	4.5

图5-10

（三）结构设计

结构设计要点：宽松设计，后胸围大于前胸围，胸围放松量为30cm左右，落肩袖，袖山无吃缝，袖山高依落肩而降低。

1. 前后片结构设计（图 5-11）

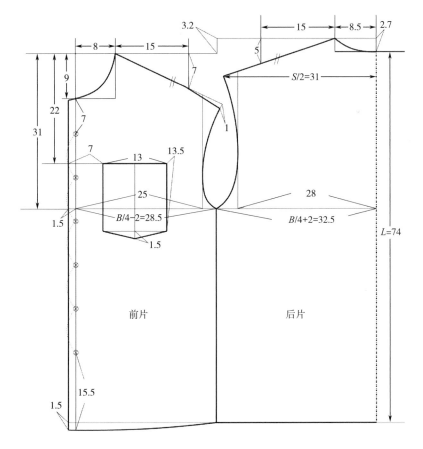

图5-11

2. 袖子、领子结构设计

袖子结构设计如图5-12所示，领子结构设计如前图5-7所示。

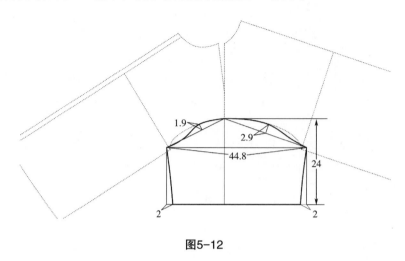

图5-12

第三节　女衬衫制板

一、合体女衬衫制板

（一）款式特征

基本女衬衫，纯棉素色薄型面料，较合体，前后收腰省，前片收侧胸省，弧形下摆，单门襟五粒扣，翻立领，带袖克夫长袖（图5-13）。

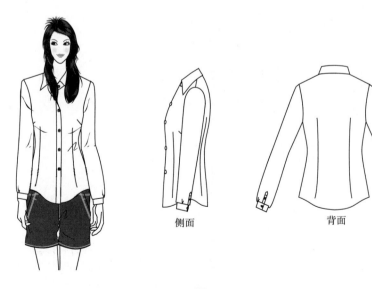

侧面　　　　　背面

图5-13

（二）规格设计（表5-3）

表5-3　　　　　　　　　　　　　　　　　　单位：cm

号型	部位	后衣长（L）	胸围（B）	腰围（W）	肩宽（S）	袖长（SL）	袖口围（CW）	领围（N）	领高
160/84A	净尺寸	—	84	68	38	57（臂长）	—	36	—
	成品尺寸	65	92	78	39	58	22	38	4

（三）结构设计

1. 衣身结构设计

后小肩0.3cm作为缩缝，将胸省转入腋下省，如图5-14所示。

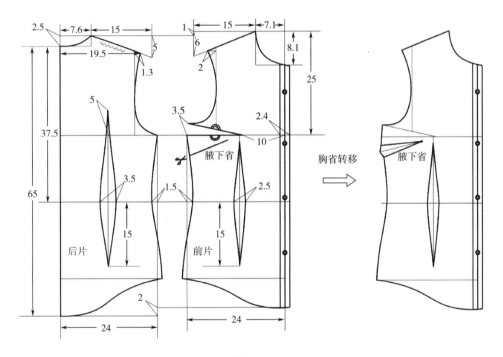

图5-14

2. 领结构设计

衬衫领由领座和翻领两部分构成，其作图方法如图5-15所示。

3. 衣袖结构设计

按前后平均袖窿深3/4左右定袖山高，按FAH-1、BAH-0.8绘制前后袖山斜线，按图示方法绘制袖山斜线（图5-16）。

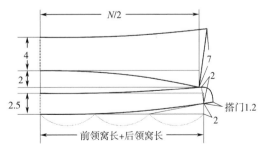

图5-15

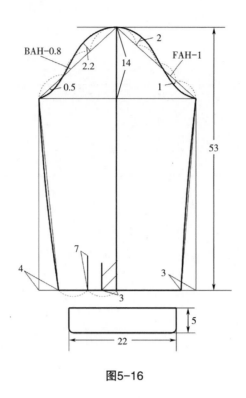

图5-16

二、宽松女衬衫制板

（一）款式特征

宽松女衬衫，纯棉素色或条格面料，直身船形下摆，单门襟五粒扣，翻立领，带袖克夫落肩长袖（图5-17）。

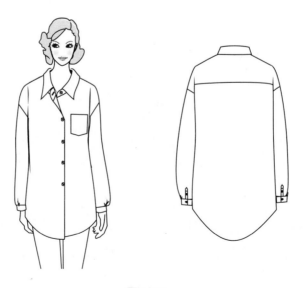

图5-17

（二）规格设计（表5-4）

表5-4   单位：cm

号型	部位	后衣长（L）	胸围（B）	肩宽（S）	袖长（SL）	袖口围（CW）	领围（N）	下领高	上领高
160/84A	净尺寸	—	84	38	57	—	36	—	—
	成品尺寸	80	120	52	55	24	40	3	4.5

（三）制板原理

以宽松原型为基础进行结构设计：

①将原型肩省量主要作为衬衫后分割缝的省量。

②胸省下放1cm后，将0.5cm的松量转移至前领口，其余作为袖窿松量（图5-18）。

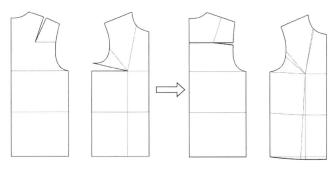

图5-18

（四）结构设计

①按宽松原型绘制衣身结构图（图5-19）。

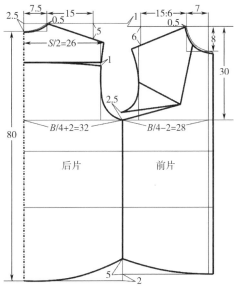

图5-19

②后片与后袖作图：在后肩延长线上将袖口抬高3cm作落肩袖，袖窿弧线与袖山弧线等长，在袖山顶部保持重合（图5-20）。

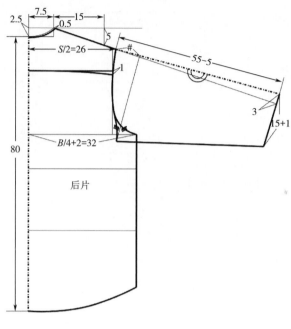

图5-20

③前片与前袖作图：在前肩延长线上将袖口下落3cm作落肩袖，袖窿弧线与袖山弧线等长，在袖山顶部保持重合（图5-21）。

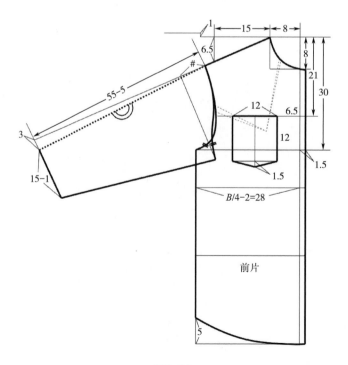

图5-21

④前后落肩袖拼合并调整，绘制袖口（图5-22）。

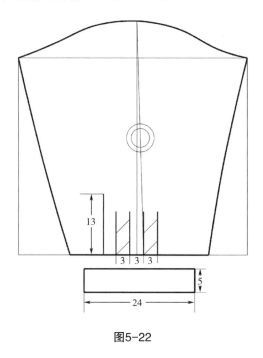

图5-22

第四节 男衬衫排料、裁剪与缝制工艺

一、单件男衬衫制作材料准备

（1）面料：全棉、混纺等。有效布幅145cm的计划采购面料数量为：衣长+袖长+零料等（15cm左右）共约150cm。

（2）衬料：袖口、门襟、袋口部位黏合衬适量，领硬衬一块。

（3）纽扣：门襟纽扣8个（含备用扣1个）、袖口小纽扣5个（含备用扣1个）。

（4）标：主标1个，洗水标1个，尺码标1个。

（5）缝纫线：与面料同色。

二、面料的整理与样板排列

（一）面料的缩水与纱向整理

没有进行防缩防水处理的面料要先水洗预缩，或根据面料的性能用蒸汽烫斗进行预缩，要从面料的反面进行熨烫，用烫斗一边烫正纱向一边平缓拉伸面料。

（二）样板的检查

（1）检测样板各部位设计尺寸是否正确，相关缝合部位是否等长或者有相应的吃缝、归拔量。

（2）拼合纸样的前后片，检查袖窿、领口是否光顺并修正（图5-23）。

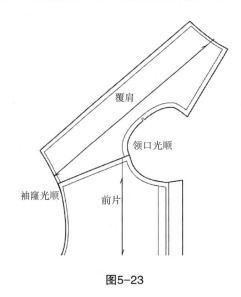

图5-23

（三）样板的排列

根据面料的不同，排料时会有一些特别的要求：

（1）必须按纸样的经纱方向排料（图5-24）。

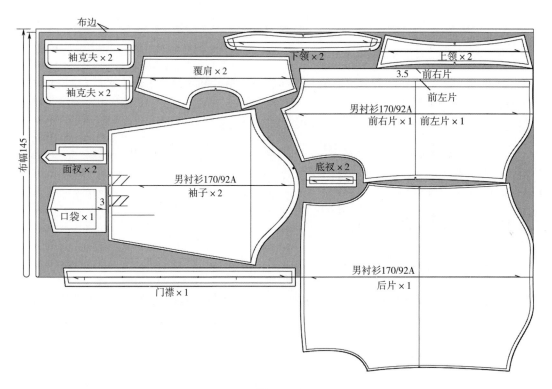

图5-24

（2）条格面料要按对条对格的要求裁剪：

①纵向条纹衬衫要按对条纹要求进行排料裁剪（图5-25）。

②条格衬衫要按对条格要求进行排料裁剪（图5-26）。

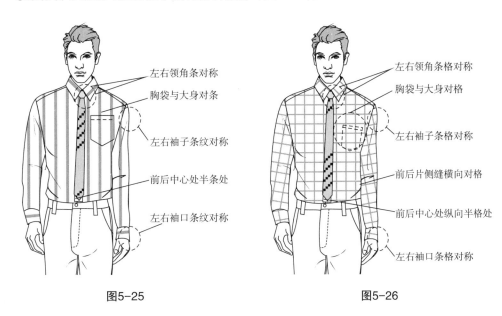

图5-25　　　　　　　　　　　　图5-26

三、缝制工艺

男衬衫的缝制工艺与服装缝纫设备和工艺流程设计有关，本款男衬衫缝制工艺采用普通平缝机设备单件缝制，而非衬衫工业流水线工艺流程。

（一）验片

1. 面料裁片

面料裁片共21片：1片左前片、1片右前片、1片门襟、1片后下片、2片覆肩、1片左袖片、1片右袖片、4片袖克夫、1片胸贴袋、2片袖面衩、2片袖底衩，2片上领片、2片下领片。

2. 衬料裁片

①领衬：2片翻领衬、2片领座衬。

②黏合衬：4片袖衩衬、1片挂面衬、2片袖克夫衬。

（二）烫衬

按照所配衬用烫斗或黏合机将衬衫领烫衬、袖衩烫衬、门襟烫衬、袖克夫烫衬。

（三）做门里襟（图5-27）

①做里襟：右前片挂面做里襟之前在反面烫2.5cm衬，然后在止口线处向反面折转并缲2.5cm宽的线。

②做门襟：先按净样板烫好门襟，把烫好的挂面搭缲

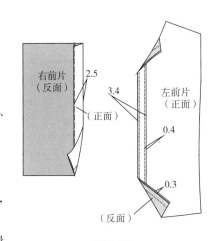

图5-27

到左前片上缉明线，翻转到正面缉明线。

（四）做袋、贴袋

①将口袋按要求放好缝份，对条格的口袋毛样要多放出一个条格量，用PVC塑料板或硬纸板做一个口袋净样板为工艺样板（图5-28）。

②扣烫口袋：袋口处烫折1cm再翻折2.5cm扣烫，其他边烫折缝份1cm（图5-29）。

③贴袋：按左前片工艺定位样板画好袋位，缉缝胸袋（图5-30）。

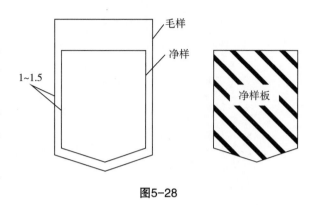

图5-28

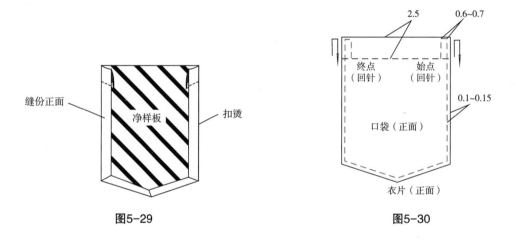

图5-29

图5-30

（五）上覆肩

①将后过肩面的肩缝扣烫缝份0.7cm（图5-31）。

图5-31

②覆肩里面向上放下层，后下片正面放中层，覆肩面反面向上放上层，按对位记号将三层对齐缉线（图5-32）。

③烫覆肩面：将覆肩面翻正、烫平，再将覆肩里翻正、烫平（图5-33）。

图5-32

图5-33

（六）缝合前片肩缝

（1）前衣片反面与后衣片反面相对，覆肩里子与前片缝合（图5-34）。

（2）压肩缝有两种方法：

①压0.1cm明线肩缝：将烫倒肩线缝份的覆肩盖过前片肩缝净缝位约0.3cm，正面压缉到前衣片上（图5-35）。

②无明线肩缝：将前衣片正面向下放在中间，正面与覆肩面正面相叠，反面与覆肩里正面相叠，肩缝放齐，从领圈里将三层拉出，缉线0.7cm，这样形成暗缉线，在正面没有明线（图5-36）。

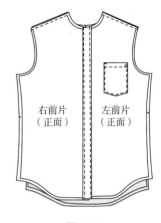

图5-34

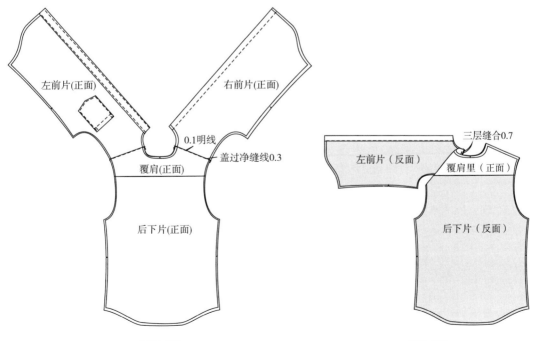

图5-35

图5-36

（七）做领

1. 做翻领

①烫衬：领面烫双层树脂黏合衬，斜丝，第一层与毛样等大，第二层比净样略小（图5-37）。

②缝合领面领里：领里、领面正面相叠，沿净样绱线，注意窝势（图5-38）。

③修剪、整烫：在翻领正面绱明线（图5-39）。

图5-37

图5-38   图5-39

2. 做领座

①烫衬：配双层树脂黏合衬，斜丝，与领座净样相同，贴烫好（图5-40）。

②烫折领座下口线，绱0.6~0.8cm线并作好标记（图5-41）。

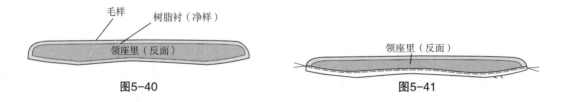

图5-40   图5-41

3. 缝合领座与翻领

①将领座面、翻领、领座里依次叠放，对准肩点和后中心点，按净样缝合在一起（图5-42）。

图5-42

②翻转领座后在领座里绱压0.1~0.15cm明线，离绱领点2~5cm（图5-43）。

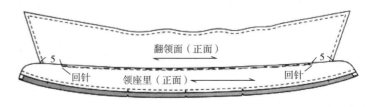

图5-43

（八）绱领

①领座面的正面与衣片的正面相叠，对准装领的起点、肩点、后领中点，然后拼合衣片与领子（图5-44）。

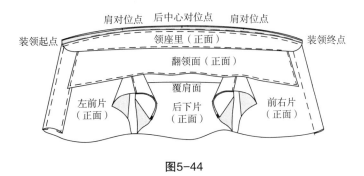

图5-44

②将缝份倒向领座与领座里的夹层，按缉线方向将领座与衣片固定在一起（图5-45）。

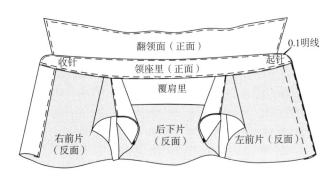

图5-45

（九）做袖衩

①将宝剑头袖衩烫衬（图5-46）。
②将门里襟按工艺样板扣烫（图5-47）。

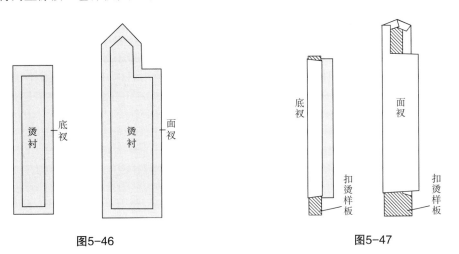

图5-46　　　　　　　　　　图5-47

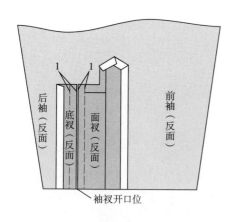

图5-48

③将门襟、里襟分别在袖片的反面对齐袖衩开口线，如图5-48所示缉缝。

④将袖衩开口线以Y字形剪口剪开（图5-49）。

⑤将里襟翻至正面缉压0.1~0.15cm明线（图5-50）。

⑥封三角，将门襟翻至正面，如图5-51所示缉线。

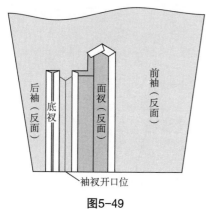

图5-49

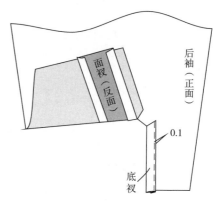

图5-50

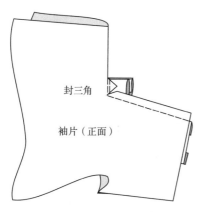

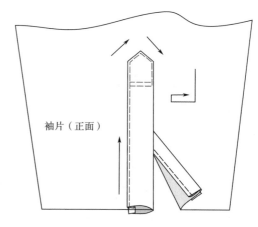

图5-51

（十）绱袖

①把袖山弧线朝正面折转0.5cm缝头，缉0.1cm止口（图5-52）。

②把衣片正面和袖片正面相对按剪口对位放好，缉1cm缝头（图5-53）。

③将大身翻至正面，袖子缉0.9cm明线，并注意压住绱袖缝份（图5-54）。

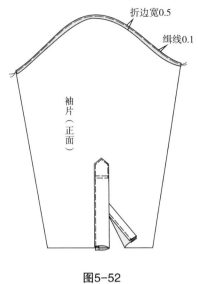

图5-52

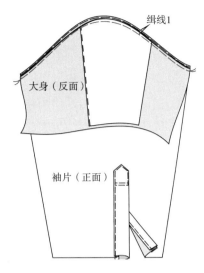

图5-53

（十一）埋夹

①用外包缝的方法做侧缝和袖底缝，反面相对放好，前片放上面，后片放下面包转前片，缉0.6~0.8cm止口（图5-55）。

②压缉明线宽0.6cm，外表呈双明线（图5-56）。

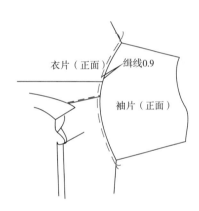

图5-54

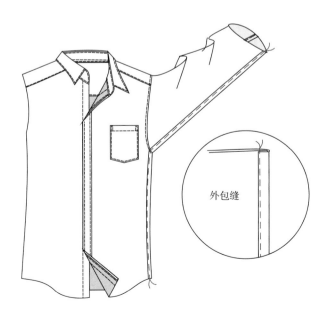

图5-55

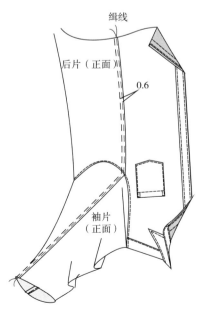

图5-56

（十二）做袖克夫、绱袖克夫

①沿制成线在袖克夫面的反面，粘合一层涤棉树脂衬，与袖片相接处为净样，其余为毛样，沿袖口布边缘烫折1.2~1.5cm，并缉0.8~1cm明线（图5-57）。

②用工艺样板划样，沿净样缉线；翻烫袖克夫，要求有里外匀窝势，整体外观看不到袖克夫里子（图5-58）。

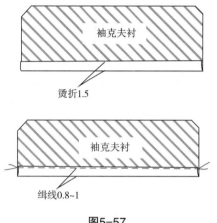

图5-57

图5-58

③绱袖克夫：将袖克夫的里子扣烫，里子多出0.1~0.2cm，再将袖口夹在袖克夫面、里之间，缉0.1cm明止口，注意袖克夫两端要塞足塞平（图5-59）。

（十三）卷底边

校准门里襟长短，从里襟底边向门襟底边缉线，反面按内缝0.5cm，贴边宽0.5cm，缉0.1cm止口线（图5-60）。

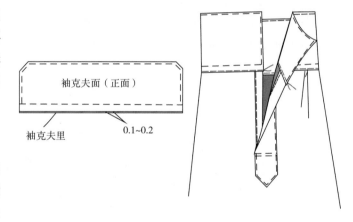

图5-59

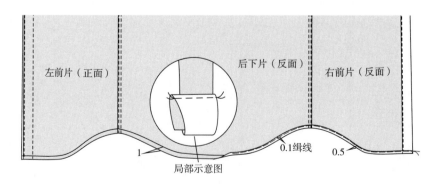

图5-60

四、男衬衫整理与包装

（一）锁眼、钉扣

1. 门里襟

按扣眼定位板定眼位，注意门襟上第一扣眼距比其他扣眼距要短，领座、袖克夫上扣眼为横向，其他为纵向（图5-61）。

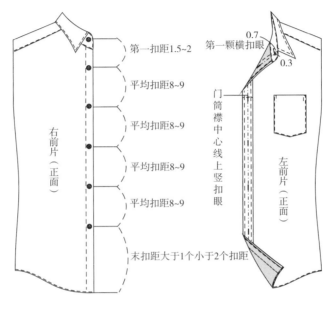

图5-61

2. 袖衩位

袖克夫上为横向扣眼，袖衩上为纵向扣眼。袖衩上扣位位于袖衩长中心点上，袖克夫上与袖衩上的第一个扣位在袖衩中心线的一条直线上，以眼位为标准画好钉扣记号钉扣，袖克夫上可以钉两粒扣（图5-62）。

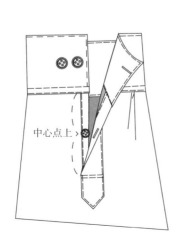
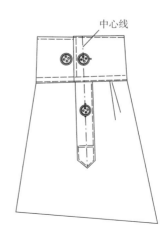

图5-62

（二）整烫、质检、包装

①先清除线头污渍。

②按要求熨烫或在专用压烫机上压烫定型。

③按男衬衫质量要求检验成品（图5-63）。

④折叠包装。

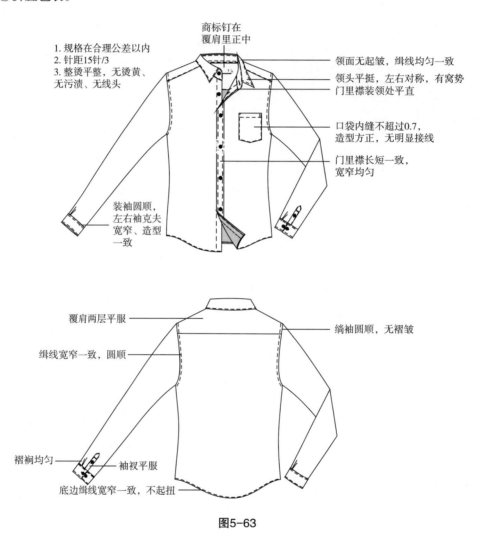

图5-63

第六章　中式服装制板裁剪与缝制工艺

第一节 中式服装概述

一、经典中式服装

（一）中山装

中山装以孙中山先生的名字命名，是在广泛汲取西式服饰的基础上，综合了日式学生服装（诘襟服）与中式服装的特点，设计出的一种立翻领有袋盖的四贴袋服装，立领青年装也有一定的中式服装的风格（图6-1）。

（二）旗袍

旗袍是传承中国传统文化，并受西方服饰影响经过改良而形成的服饰。旗袍造型在许多细节上都汲取了西式服装的造型元素，采用收腰、收省的手法来展现女性人体之优美，旗袍这种简约而凝炼的线条将东方女性的柔美曲线凸显无遗。

在人们重新审视并呼吁传统文化回归的需求下，传统旗袍技艺传承与创新并举，在尊重传统制作技艺的同时，要与时俱进，对旗袍进行创新设计，引入新理念、研发新面料、应用新工艺（图6-2）。

二、中式服装的特点

与西式服装相对而言，有中华民族传统式样的服装为中式服装。传统中式服装属平面型结构，最大特色为"上衣下裳"制，开襟方式主要有偏襟和对襟的形式，又有交领右衽。中式服饰承载了中华民族的纺、织、

图6-1

图6-2

染、绣等杰出工艺和美学，传承了多项中国非物质文化遗产以及受保护的中国工艺美术。

受到西方立体服饰造型的影响，自20世纪初，中式服装向立体结构造型的形式转化。现代中式服装造型在许多细节上都汲取了西式服装的造型元素，采用收腰、收省、装袖的手法来体现女性人体之美，将东方女性的柔美曲线凸显无遗。

第二节　中山装制板

一、款式特征

本款中山装为三开身关门领，左右衣片有四个对称明贴口袋，后身无断缝，收腰省，五粒扣，贴体弯身两片袖。适合采用混纺、毛呢、精纺等优质面料制作（图6-3）。

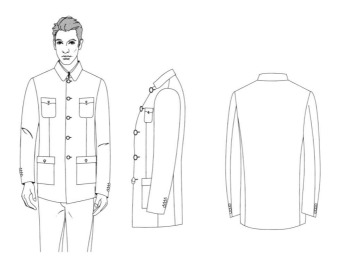

图6-3

二、规格设计（表6-1）

表6-1　　　　　　　　　　　　　　　　　　　　　　单位：cm

号型	部位	后衣长（L）	胸围（B）	腰围（W）	肩宽（S）	袖长（SL）	袖口宽（CW）	领围（N）
170/92A	净尺寸	—	92	76	44	60	—	39
	成品尺寸	76	104	86	44	60	15	41

三、原型应用

（1）肩胛省分解为三部分，一部分作为缩缝，一部分转至背缝，其余为袖窿归拢量。

（2）前胸省分解为两部分，前中撇胸1cm，其余为袖窿归拢量（图6-4）。

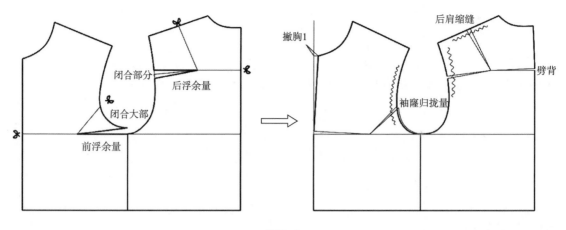

图6-4

四、结构设计

1. 衣身结构设计

制图胸围按$B/2+3$cm（损耗量），确定前后片各省位及省量，设置前胸兜与前腰兜的尺寸和位置，后中片对合复制出无后中缝结构（图6-5）。

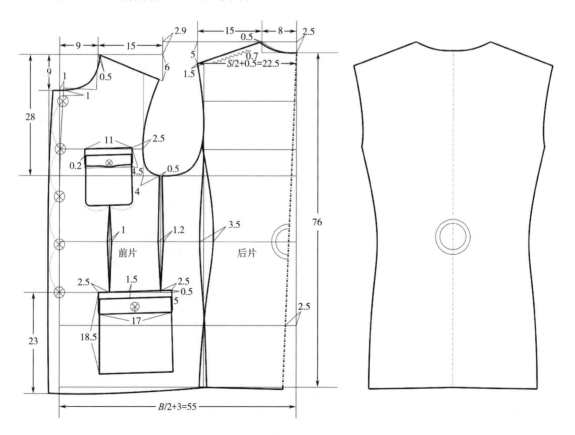

图6-5

2. 袖子结构设计

先确定袖山高，为袖窿深的5/6左右，再依据AH确定袖肥，袖内缝与袖外缝互借画出袖身，袖口前偏量为2.5cm左右，袖开衩长度及位置如图6-6所示。

3. 中山领结构设计（图6-7）

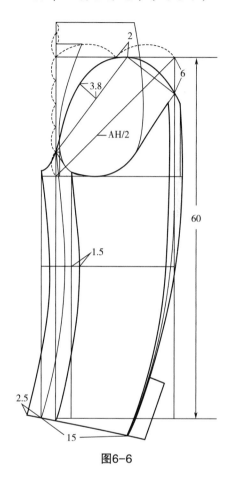

图6-6

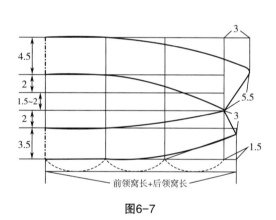

图6-7

第三节　旗袍制板

一、款式特征

本款旗袍为侧缝开扣右圆襟短袖旗袍，衣长至脚踝附近，设胸省和前后腰省，中式立领，右襟斜开至腋下，侧缝装盘扣，两侧缝开衩，短袖。在领、袖、前襟、下摆、开衩口有绲边，面料为棉布、高贵华丽的丝绸、织锦缎等（图6-8）。

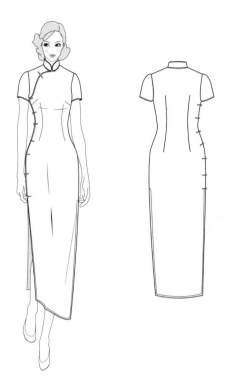

图6-8

二、规格设计（表6-2）

表 6-2   单位：cm

号型	部位	后衣长（L）	胸围（B）	腰围（W）	臀围（H）	肩宽（S）	袖长（SL）	领高	领围（N）
160/84A	净尺寸	—	84	68	92	37	—	—	37
	成品尺寸	132	88	72	96	38	18	5.5	38

  贴体旗袍为体现凸胸效果，女性宜穿调整型文胸，故本款式另加补正文胸2cm的量，加放松量4cm，因为后腰省穿越后胸围产生省道损失量约1cm，故制图时胸围$B=B^*+2cm$（补正文胸）+4cm（松量）+2cm（省损量）=92cm，制图胸围为92cm。

三、结构设计

  1. 衣身结构设计（图6-9）

  2. 旗袍立领结构设计（图6-10）

  3. 袖子结构设计

  拷贝前后袖窿弧线，在侧缝点向上取平均袖窿深的75%~85%（此处取4/5）为袖山高；取2cm为吃势量，绘制前袖山斜线FAH、后袖山斜线BAH，通过袖山顶点和各辅助点绘制袖山弧线（图6-11）。

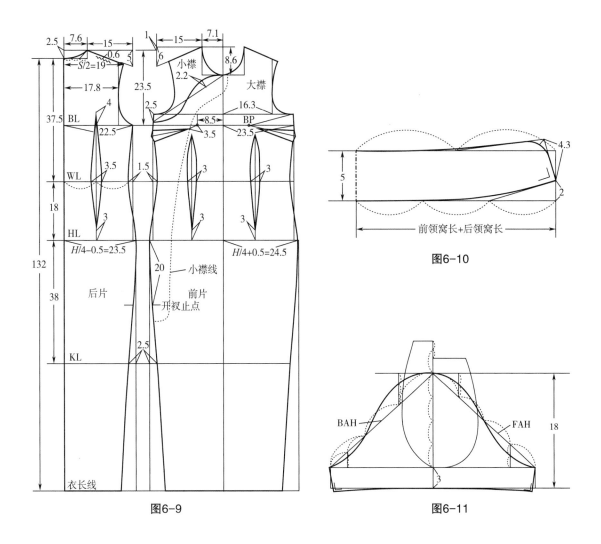

图6-9

图6-10

图6-11

四、纸样制作

纸样的制作与旗袍缝制工艺有关。

①在制作纸样后要做拼合检查，检查对应部位是否等长或有预留的缝缩位，对合肩位，检查袖窿、领窝、分割缝等是否圆顺。

②缝份是在净样线上平行放出1cm，对于易脱散面料，可适当多放一些，对于需调整部位或有其他需要，也可多放一些，绲边工艺位置不放缝份。对于某些不成直角部位的放缝，为了正确地缝合和缝制拼合的对位，需要作直角处理。

③画上纸样技术标记，如纱向、名称、剪口等符号。

旗袍面布纸样如图6-12所示。

旗袍里布纸样与面布纸样放缝相同（领子没有里布），后肩缩缝制作时可采用小折褶，如图6-13所示。

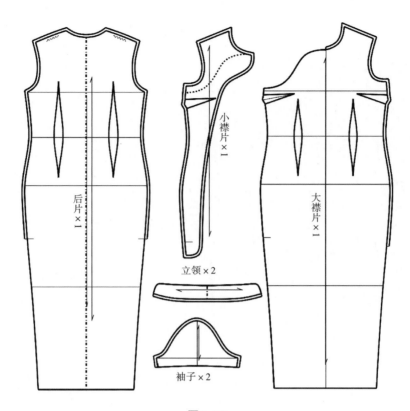

后片×1

小襟片×1

大襟片×1

立领×2

袖子×2

图6-12

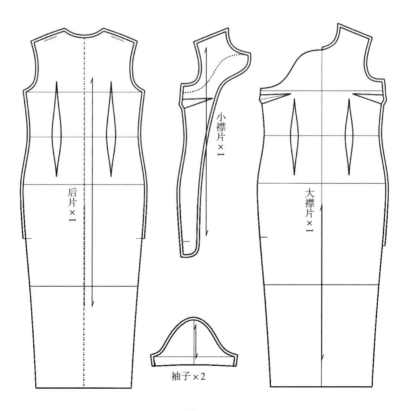

后片×1

小襟片×1

大襟片×1

袖子×2

图6-13

第四节 旗袍排料、裁剪与缝制工艺

一、单件旗袍制作材料准备

（1）面料（表6-3）：有效布幅144cm的计划采购面料数量为衣长+袖长+贴边等（15cm左右）。

表 6-3   单位：cm

面料布幅	用料	备注
90	（衣长+袖长）×2+10	用料依款式不同而不同，精确用料数在纸样排料后再确定
114	（衣长+袖长）×2+5	
144	衣长+袖长+15	

（2）里料：见表6-4。

表 6-4   单位：cm

里料布幅	用料	备注
90	（衣长+袖长）×2	用料依款式不同而不同，精确用料数在纸样排料后再确定
114	衣长+袖长	
144	衣长+袖长	

（3）衬料：无纺黏合衬适量，领硬衬1块。

（4）盘扣：7对（盘扣用襻条布约7×0.4m=2.8m）。

（5）绲条布：约5m。

（6）标：主标1个，洗水标1个，尺码标1个。

（7）缝纫线：与面料同色，按用布配色购买。

二、面料的整理与样板排列

（一）面料的缩水与纱向整理

（1）没有进行防缩防水处理的面料要先水洗预缩，或根据面料的性能用蒸汽熨斗进行预缩。

（2）已进行防缩防水处理的面料，要从面料的反面进行熨烫，用熨斗一边烫正纱向一边平缓拉伸面料。

（二）样板的检查

面布样板的放缝与纸样如图6-14所示，里料样板的放缝与面布纸样相同。

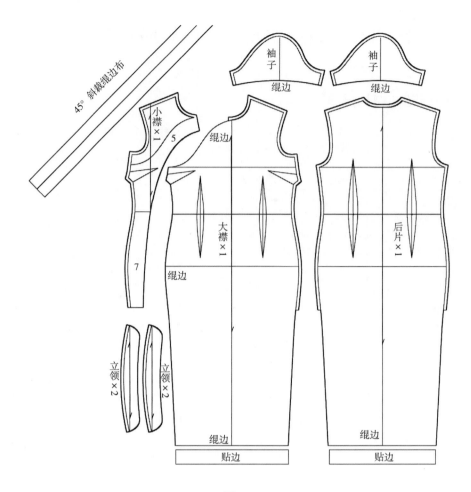

图6-14

（三）样板排列要点

面料样板和里料样板分开排列，根据面料的不同，排料时会有一些特别的要求：

（1）必须同方向地排列样板的面料：条格有方向性的面料，有光泽的起绒面料如金丝绒、灯芯绒等，单向性花纹面料等。

（2）需对条对格面料：单元格大于1cm的条格、印花面料。

（3）定点印花或绣花面料：要按照设计要求定位排料裁剪（图6-15）。

（4）缝份的处理：对于单件定制旗袍，在试装后需要修正的地方要多放一些缝份（肩缝、侧缝、袖底缝、下摆等），在多放出的部分用打线钉或画粉作标记。袖窿、领口等弧形部位缝份不宜太多，否则容易起皱起扭。

图6-15

面布的排列（面料布幅144cm），如图6-16所示。

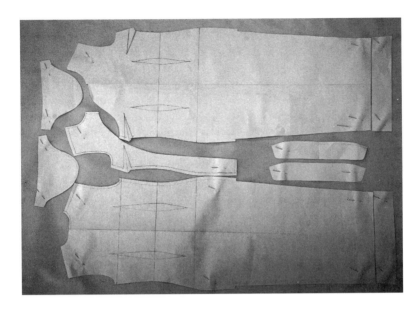

图6-16

里料的作用是减少摩擦力，改善服用性能，里料的纸样与面料一致，裁剪时略放大少许。里料排列（布幅144cm或114cm），如图6-17所示。

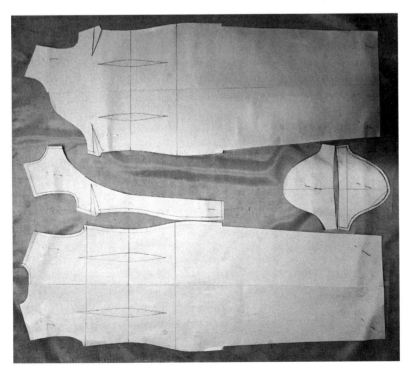

图6-17

（5）做缝制标记：可根据面料状况及部位，选用做标记的方法，如线丁、粉印、眼刀、针眼等。

①前片：省位、腰节位、开衩位、装领缺口、纽扣位、拉链位、下摆贴边。

②后片：省位、腰节位、开衩位、拉链位、下摆贴边。

③袖片：袖口贴边、袖山对位点。

三、单件旗袍缝制工艺流程

量身定做单件旗袍，可量体后制板，放出较多的缝份做毛样，先做坯布样衣，经调整结构后，用正式面料缝制，以下工艺流程指用正式面料的缝制过程，为便于拍摄和有清晰的视觉效果，制作示范的材料选用本白色坯布。

单件旗袍的缝制工艺流程为：验片→粘衬→缉省、烫省、归拔衣片→合肩缝→敷牵带→做前后片夹里→做领、缃领→合摆缝→做袖、缃袖→绲边→做纽扣、钉纽扣→钉领钩、打套结→整烫→检验。

四、单件旗袍缝制工艺分步详解

（一）验片

验片的目的是检查裁片的质量，包括面料和裁剪两个方面的质量。主要内容有：

（1）数量：主要针对单件裁剪，批量裁剪时在排料、拉布时要控制好，否则很难弥补。

①面料裁片：1片前大襟片、1片前小襟片、1片后片、2片领子、2片袖子、2片下摆贴边、绲条布约800cm。

②里料裁片：1片前大襟片、1片前小襟片、1片后片、2片袖子。

（2）裁剪精度：检查裁片与样板的偏差，包括定位、剪口、钻孔等。

（3）对条对格：有条格的检查对条对格情况。

（4）裁剪质量：如边际是否有毛边、破损现象，是否圆顺等。

（5）疵点：裁片是否有面料上的疵点，如跳纱、色差、破洞等。

对于不能修补的裁片，必须配片。

（二）粘衬

（1）领面粘衬：如图6-18所示。

（2）面料粘衬（刮浆）：传统中国旗袍工艺，面料需经特殊的浆料刮涂，用于改善面料的性能和着装效果，但传统工艺不能满足现代服装洗涤和保养的需求，随着服装工业的发展，现代旗袍的面料处理用一种低温衬，该衬布轻薄柔软，用黏衬机复合即可，方便快捷。

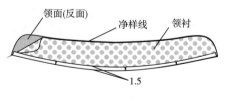

图6-18

（三）缉省、烫省、归拔衣片

（1）缉省：按缝制标记缉省，省缝为弧线形，省尖收尖流畅，尽量与人体体型相吻合。前后片缉省后的效果如图6-19所示。

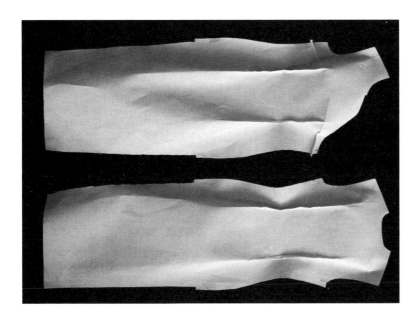

图6-19

（2）烫省：高档面料精加工省缝不烫倒，要从中间分烫，省尖不歪斜。中低档面料省缝倒向中缝线。

（3）归拔前衣片：

①归拔胸部及腹部：在乳突点位置斜向拉拔，拔开胸部，使胸部隆起。如果腹部略有隆起，也可斜向拉拔。在以上部位拉拔的同时归拢前腰部，使前片中线呈曲线形。

②归拔摆缝：摆缝腰节拔开，归到腰节处，摆缝臀部归拢，使前身腰部均匀地收进，臀部均匀隆起。

③归拔肩缝：拔开前肩缝，使肩缝自然朝前弯曲，符合人体特征。

（4）归拔后衣片：

①归拔背部及臀部：在背部位置斜向拉拔，拔开背部，使背部隆起。臀部位置斜向拉拔，拔开臀部，使臀部隆起。在以上部位拉拔的同时归拢后腰部，使后片中线也呈曲线形。

②归拔摆缝：摆缝腰节拔开，归到腰节处，摆缝臀部归拢，使后身腰部均匀地收进，臀部均匀隆起。

③归拔肩缝：归拢后肩缝满足凸出的肩胛部位的需要，也可以采用收肩省的方法来实现。

④归拔袖窿：后袖窿弧线处稍作归拢，使袖窿圆顺。

各部位归拔示意图，如图6-20所示。

前后片缉省后经归拔出现了立体的曲面效果，如图6-21所示。

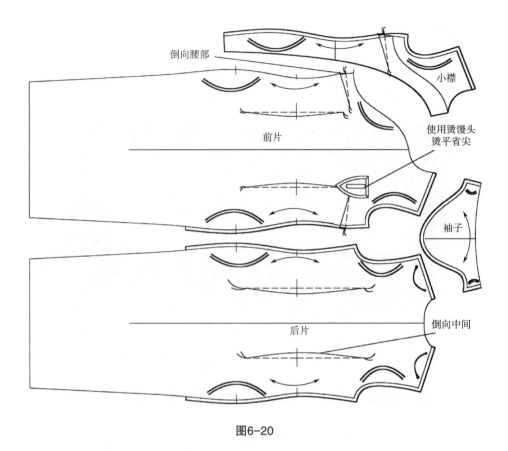

图6-20

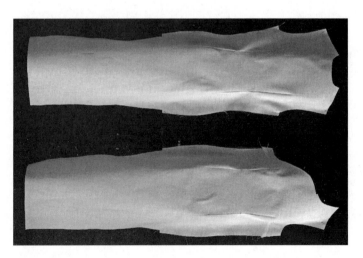

图6-21

（四）合肩缝

将前、后衣片正面相对，前片放上层，肩缝对齐，缉线0.8~1cm，后肩缝靠近颈肩点1/3处略有吃势。缉好后根据面料的厚薄烫分缝或倒缝，注意不得拉还肩缝（图6-22）。

合肩缝后实物图，如图6-23所示。

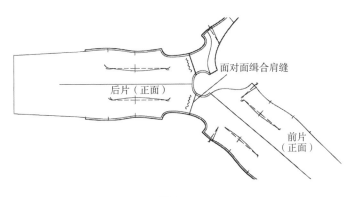

图6-22

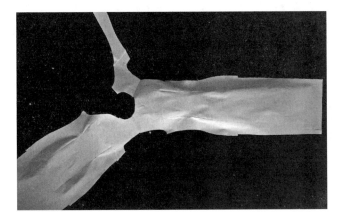

图6-23

（五）敷牵带

牵带选用薄型有纺直丝黏合衬，宽1.2cm左右，按净缝位置粘贴，敷牵带的松紧要符合归拔要求（图6-24）。

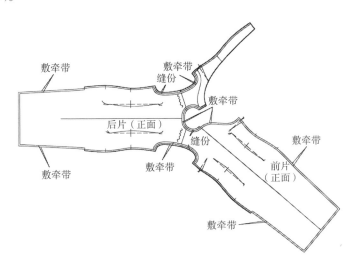

图6-24

（1）前后领窝一起连敷牵带：前片牵带敷在开襟一边，开襟上口是斜丝缕容易歪斜，所以要敷牵带。开襟摆缝处从袖窿开始沿摆缝粘到下摆绲边开衩处，胸部及臀部牵带略紧。

（2）敷后片牵带：后片敷牵带沿摆缝粘到下摆绲边开衩处。

（3）敷袖窿牵带：沿前后袖窿线敷牵带。

（4）敷肩胛牵带：在合肩缝前也可在后肩缝肩胛处敷牵带，牵带略紧。

前后片大身敷牵带实物图，如图6-25所示。

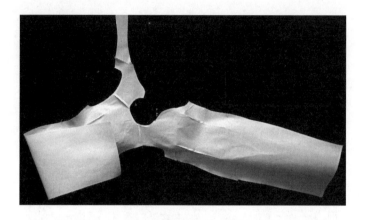

图6-25

（六）做前后片夹里

（1）将夹里胸省、腰省缉好，缝合肩缝夹里，分别烫倒缝，省缝倒向中缝，肩缝向后身方向倒，烫平（图6-26）。

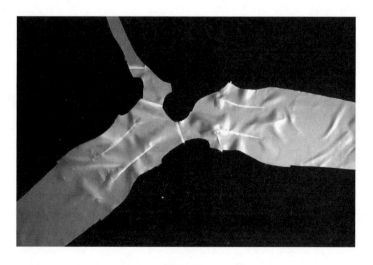

图6-26

（2）大身面布里布复合。将大身面布里布在小襟处面对面缝合，打上剪口后翻正烫光，前后片面布与里布应基本吻合一致（图6-27）。

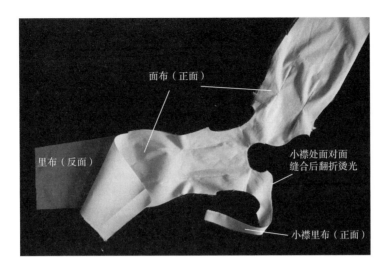

图6-27

（七）做领、绱领

（1）做领面：将净领衬烫在领面的反面，并作好装领对位标记。

（2）绱领：

①按对位记号，将领面、领口面布、领口里布、领里四层用手针假缝，从右襟开始起针，沿领衬下沿净缝线缝合。注意领子两端要饱满，各对位点准确，线条顺直，左右对称（图6-28）。

图6-28

②将手针假缝的领子翻至正面后，穿在人台上观察，检查领面绱好后领圈是否圆顺、平服，若不圆顺应及时修正，注意领里略紧于领面（图6-29）。

③调整合适后，机缝绱领，并在领外沿绲0.5cm线将领里领面里对里缝合（图6-30）。

（八）合摆缝

（1）合绲摆缝、袖缝：面子、里子分别绲缝，面子分缝，里子坐倒缝。将前衣片套入后衣片中，前后衣片分别正面相对，反面向外，缝头对齐，沿净缝绲线。缝好后将衣片翻出，缝头向后片坐倒。注意面子、里子前后顺序要放正确（图6-31）。

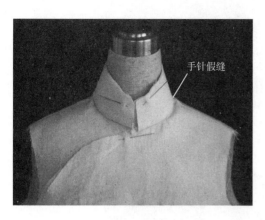

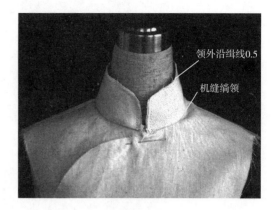

图6-29

图6-30

（2）大襟处的抽缩处理、袖窿牵线拉紧：由于前胸的隆起，在大襟的胸圆附近会产生一定的浮余量，有不服帖现象，用手工针在大襟凹进处在绲边线以内按0.3cm间距抽缩（图6-32）。

袖窿用倒钩针将面布里布两层固定并作牵紧处理，使袖窿处不豁开，在人台上观察大襟凹进处的抽缩需要多大的抽缩量（为便于拍摄，用对比线抽缩）（图6-33）。

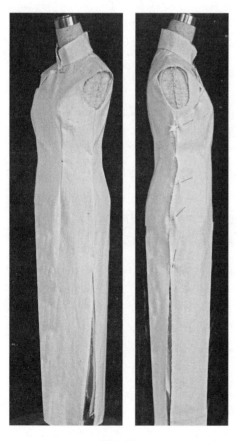

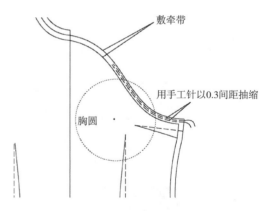

图6-32

图6-31

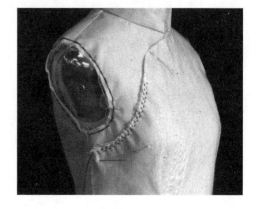

图6-33

（3）大身面布与里布的固定与连接：如前所述，面布里布在领口处装领固定，袖窿处手针固定外，绲边部位进行0.3cm绲缝固定，在下摆处将里布与贴边布缝合，并放出一定的余量后连接在下摆（图6-34）。

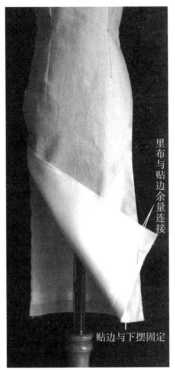

里布与贴边余量连接

贴边与下摆固定

图6-34

（九）做袖、绱袖

（1）做袖：

①将袖面布和里布的袖缝线分别面对面缝合，并里对里套合在一起（图6-35）。

②抽袖山吃势。用手工针在袖山装袖线以内按0.3cm间距抽缩两道线（为便于拍摄，用对比线抽缩）（图6-36）。

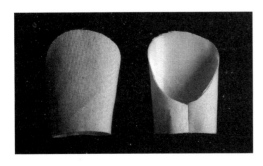

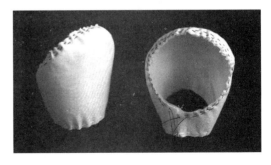

图6-35　　　　　　　　　　　　　图6-36

（2）绱袖：

①按对位记号将抽缩好的袖山与袖窿对应，用手工针在衣身反面按小于绱袖缝份0.7cm绱牢（图6-37）。

②将手工针绱好的袖子翻至正面，穿在人台上观察，看袖山是否圆顺，袖身是否平服，左右袖是否对称。有不合适的部位取下重新调整，确定无误后机缝绱袖（图6-38）。

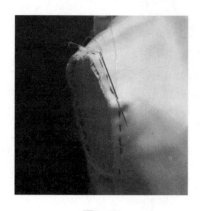

图6-37 图6-38

（十）绲边

绲边前如图6-39所示。

（1）绲边条的作用：绲边的作用是用来裹着旗袍的开衩和旗袍的开口，用来绲边的布条叫绲边条。通常用丝质的绢或者本身旗袍底色的布作为绲边布。但是如果旗袍上有图案，绲条的颜色通常是图案的其中一种颜色。以前净色的旗袍，其绲条多用红色或绿色的布，前者较传统而后者令旗袍更突出。绲边又分为双绲和单绲，单绲较受欢迎。

（2）绲边条的制作步骤：

①将绲边布刮浆处理。可以用市售的糊精（也可自行用小麦淀粉调制）沿绲边材料纱向均匀刮涂一层浆料，以改善材料的质感和操作的方便性（图6-40）。

图6-39

图6-40

②待刮浆干燥后，沿45°纱向按需要绲边的宽度约4倍（此处为2.5cm）划出平行线，然后按线裁剪成45°斜纱布条（图6-41）。

③烫折绲边条（图6-42）。

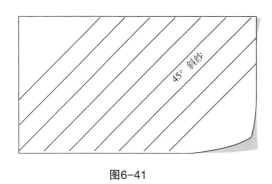

图6-41

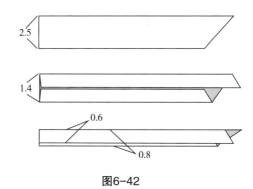

图6-42

（3）袖口绲边工艺：可参考第九章绲边工艺。

①将制作烫折好的绲边条打开后，面对面按绲边宽在袖口缝合，在袖底缝处按绲边长度进行修剪后封口（图6-43）。

②将绲边条翻至正面，再翻至袖口里侧，用手工竖缲针将绲边里侧与袖口里布缝合，竖缲针显露为点状针迹，斜长针迹处于隐藏状态（图6-44）。

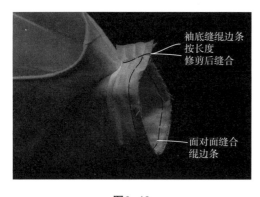

图6-43

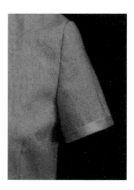

图6-44

③将袖口夹里折光，盖过绲边缉线缲牢。袖口缝合处将后袖缝头修掉0.4 cm左右，用前袖缝折转、包光、缲牢。

④将缉袖的面里布缝份修剪整齐，用绲边条将缉袖缝份按袖口绲边的方法包缝起来（图6-45）。

（4）衣领、大襟、摆缝绲边工艺：绲边工艺与袖子相似。

①将制作烫折好的绲边条打开后，面对面按绲边宽在衣领、大襟、摆缝连续一次性

图6-45

缝合，绲边条的斜向接缝安排在较隐蔽处，在摆缝开衩处按开衩记号向上加长5cm以便下一步做绲边开衩工艺（图6-46）。

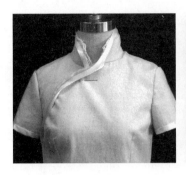
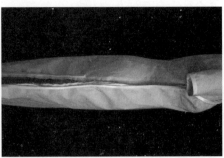

图6-46

②角衩的绲边缝制工艺如下：

第一步：在开衩位置，面布和里布都留出4~5cm先不合缝，绲边条与面布面对面缝合至开衩止点以上5cm处（图6-47）。

第二步：绲边条与面布面对面缝合后，里布则绲边完成后用手工针缲合（图6-48）。

第三步：将绲边条翻至正面，将开衩顶部折叠成箭头形（图6-49）。

第四步：将衩位翻至反面，将绲边条连同面布缝份一起缝合至衩位止点，并做回针固定。正面衩角效果如下（图6-50）。

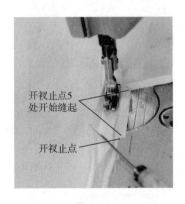

图6-47

图6-48

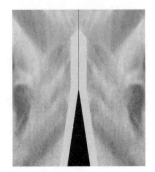

图6-49

图6-50

③全件绲边条里侧手工针缭边：将绲边条翻至正面，再翻至里侧，用手工竖缭针将绲边里侧与里布缝合，竖缭针显露为点状针迹，斜长针迹处于隐藏状态（图6-51）。

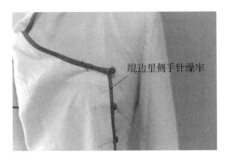

绲边里侧手针缭牢

图6-51

（十一）做纽扣，钉纽扣

（1）做纽襻条：将2cm左右的斜条总长约3m两边毛口向里折成四层，手工缭牢。如果是薄料可斜料裁宽，折成六层或八层，也可在斜条中衬几根纱线，使其饱满，厚料不必加线。为了便于盘花造型保形，缭纽襻时经常加入细铜丝（图6-52）。

（2）做扣坨和纽襻：用纽襻条制作扣坨和纽襻（图6-53）。

图6-52

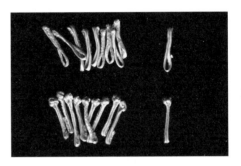

图6-53

（3）钉纽扣：

①钉纽扣位置：第一副纽扣钉在领头下，第二副纽扣钉在大襟转弯处，第三副纽扣钉在大襟下端，最后一副纽扣钉在开衩衩高位置，在第三副纽扣和最后一副纽扣之间平均分配钉扣数，扣距一般为8~9cm。全件旗袍钉扣数一般为奇数，一般为5副扣、7副扣、9副扣、11副扣等（图6-54）。

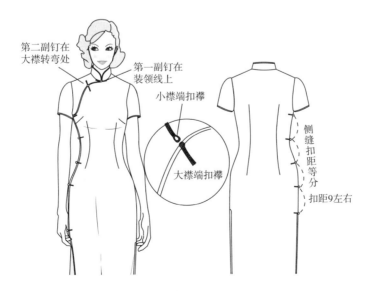

第二副钉在
大襟转弯处

第一副钉在
装领线上

小襟端扣襻

大襟端扣襻

侧缝扣距等分

扣距9左右

图6-54

②钉纽扣方法：小襟侧钉纽襻，大襟侧钉扣坨，用细密针缝牢，纽襻条两端要折光藏在盘花下面（图6-55）。

装隐形拉链可不钉第三副纽扣，拉链装至大襟下端。

注意：扣坨伸出大襟长度与纽襻长度扣好后对位正确；第二副纽扣的角度应考虑美观及受重力影响而出现的不平问题。

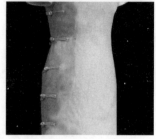

（十二）整烫

整烫前修剪线头，清洗污渍。

（1）整烫目的：平整，符合人体体形特征。

（2）整烫顺序：先烫里子、后烫面子，先烫上面（肩部）、后烫下面（折边部位），先烫附件（如袖子）、后烫主件（如衣身）。

（3）整烫步骤：袖口→袖缝→摆缝→肩缝→衣身→下摆→领子。

图6-55

熨烫时应根据面料性能合理选择温度、湿烫或干烫、时间、压力。熨烫时要盖布，尽量避免直接熨烫。丝绒面料不能直接压烫，只能用蒸汽喷烫，避免倒毛而产生极光。

（十三）完成整件效果（图6-56）

图6-56

第一节 西服概述

一、西服概论

西服广义指西式服装，是相对于"中式服装"而言的欧系服装。狭义指西式上装或西式套装。现代西服是由17世纪普鲁士士兵军服演变而来的，驳领、插花眼、手巾袋、开衩等，随着历史的演变成为装饰设计细节。西服种类很多，按用途可分为日常西服、礼仪西服、西便装，按门襟基本款式又分为单排扣西服、双排扣西服。

中国的西服最早由清末民初来自宁波的红邦裁缝缝制，红邦裁缝形成了"四个功""九个势"和"十六字标准"服装制作技艺，目前仍是现代服装提倡"工匠精神"的行业法则。红帮裁缝技艺为中国非物质文化遗产。

二、正装男西服量体

被测者着衬衣，挺胸直立，平视前方，肩部放松，上肢自然下垂。

（一）长度的测量

工业化男西服纸样，可按身高和胸围组成的号型进行规格设计（如170/92A），量身个性化定制则要测量更多的细节部位（图7-1）。

（1）衣长：男西服后衣长从肩颈点可量至裆上4~5cm，前长量至大拇指关节，或约为身高减去头高再除以2。

（2）袖长：从肩袖点依袖弯线量至手虎口向上3cm位置。

（3）背长：从第七颈椎点量至人体腰部位置。

（二）围度的测量

（1）领围：以衬衫领围为基础进行规格设计时，在颈部最细的部位测量一周，放1个中指的松量（1~1.5cm）为衬衫领围。

（2）胸围：皮尺经过腋下最丰满处水平测量一周，注意不束紧，是设计胸围尺寸的依据，正装男西服胸围加放范围为10~20cm。

（3）腰围：在腰部最细部位水平测量一周，是设计腰围尺寸的依据，对于凸肚体，要加测腹围。

（4）臀围：在臀部最突出点（最丰满处）水平测量一周，是设计臀围尺寸的依据。

（5）袖肥：在上臂围基础上加放6cm，也可以根据实际需要加放8~9cm。

（6）袖窿弧长：在臂根围基础上加放7cm。

（三）宽度的测量

（1）肩宽：从左肩点经第七颈椎点下1.5cm的位置量至右肩点。

（2）背宽：量背部左右两侧后腋点（手臂与后身的交界点）间的尺寸，加入2cm左右的松量作为衬衫背宽设计依据。

（3）胸宽：量胸部左右两侧前腋点（手臂与前身的交界点）间的尺寸，前胸不加松量。

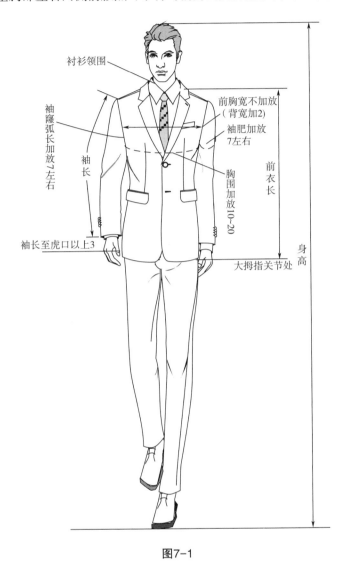

图7-1

第二节 正装男西服制板

一、款式分析

正装男西服为较贴体风格衣身，前片有两个双嵌线袋盖大袋，前左手巾袋一个，单排两粒扣，平驳领，贴体弯身两片袖（图7-2）。

图7-2

男西服内里款式图如图7-3所示。

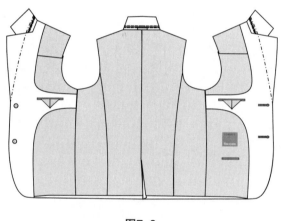

图7-3

二、规格设计（表7-1）

表 7-1

单位：cm

号型	部位	后衣长（L）	胸围（B）	腰围（W）	肩宽（S）	袖长（SL）	袖口宽（CW）	领围（N）
170/92A	净尺寸	—	92	76	43	60	—	40
	成品尺寸	73	108	90	44	60	15	41

三、原型应用

按男西服原型进行结构设计，前片浮余量放在前胸撇胸处，后片浮余量在后肩缩缝、背缝和袖窿归拢中消除（图7-4）。

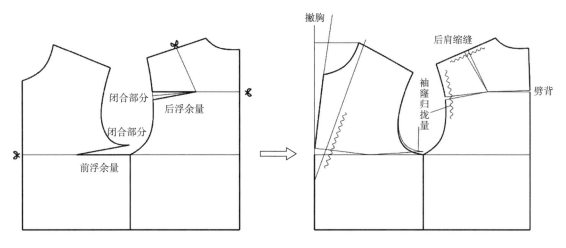

图7-4

四、结构设计

（一）男西服大身结构设计（图 7-5）

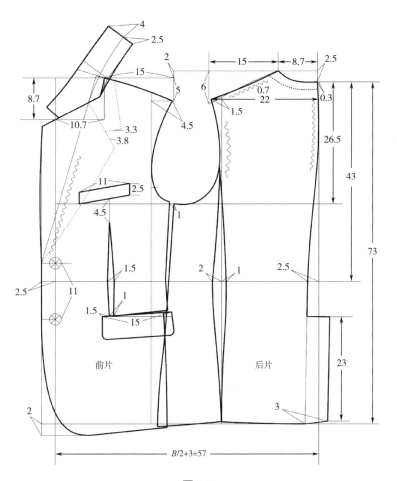

图7-5

（二）男西服配袖结构设计

（1）在衣身袖窿基础上做袖子结构设计，按前后平均袖窿深4/5定袖山高。

（2）按前后袖窿弧长AH/2绘制袖山斜线。

（3）袖山弧线画法：袖山前对位点位于袖山高1/5处，袖山后对位点位于袖山高3.5/5处，袖山顶点在袖肥中点向后2cm处，画顺并测量袖山弧长是否与袖窿弧长配套（袖山吃势量依面料约为3.5cm），画顺调整。

（4）绘制袖身结构：前袖偏量为5.6cm，后袖偏量上部2cm，下部为0cm（图7-6）。

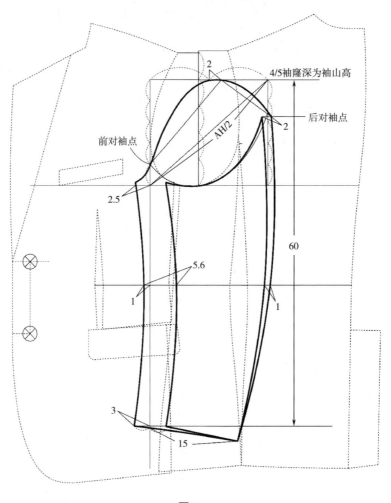

图7-6

五、纸样制作

（一）面布纸样

将衣片净样线根据西服工艺要求放缝份，一般缝份为1cm，特殊部位如下摆、袖衩为4cm，挂面驳头1.5cm，背缝2cm，大片面布裁剪纸样为6片（图7-7）。

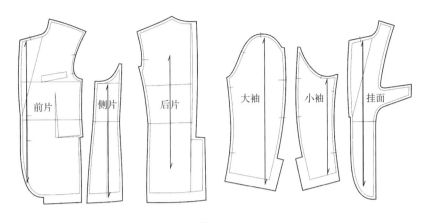

图7-7

（二）零部件纸样

从结构图上复制出零部件净样后加缝份，或直接绘制部分零部件毛样板，零部件裁剪纸样为8片（图7-8）。

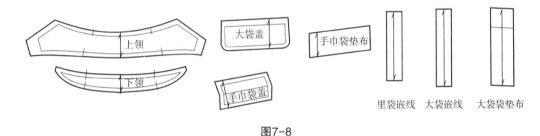

图7-8

（三）里布纸样

在净样板上放出1.2cm缝份为里布样板（比面布样板大0.2cm为制作时的风琴量），根据西服工艺要求，袖底至袖山底从3cm过渡至1.5cm，背缝从上至下从2cm过渡至1.2cm，将相关部分打上刀眼。里布裁剪纸样为7片（图7-9）。

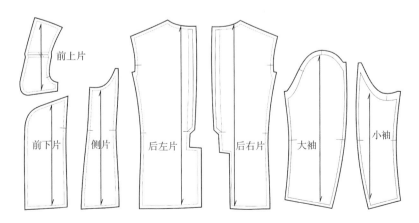

图7-9

（四）口袋布

口袋布纸样为5片（图7-10）。

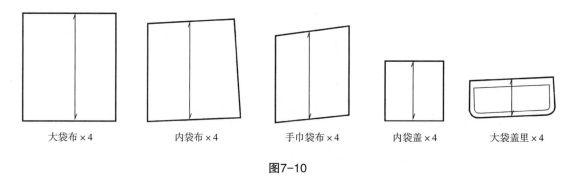

| 大袋布×4 | 内袋布×4 | 手巾袋布×4 | 内袋盖×4 | 大袋盖里×4 |

图7-10

（五）工艺样板

用净样板做出工艺样板（图7-11）。

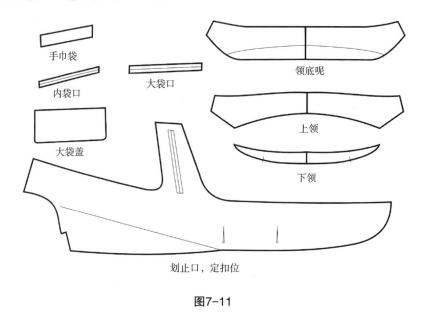

图7-11

第三节　女西服制板

一、三开身女西服制板

（一）款式特征

本款女西服为三开身结构，后背中缝，前片收省，侧片位于腋下，双排二粒扣，戗驳头西服领，两片合体袖，左右腹部有带袋盖的挖袋，较合体款式，面料为中等厚度的羊毛织物，并用黏合衬做成全夹里工艺（图7-12）。

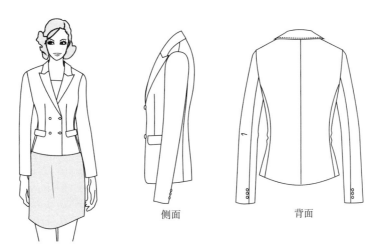

侧面　　　　　　背面

图7-12

（二）规格设计（表7-2）

表 7-2

单位：cm

号型	部位	后衣长（L）	胸围（B）	腰围（W）	肩宽（S）	袖长（SL）	袖口宽（CW）	领座（a）	翻领（b）
160/84A	净尺寸	—	84	68	38	57	—	—	—
	成品尺寸	65	94	78	39	57	12.5	3	4.5

（三）原型应用

以六省胸臀原型为基础，将前后片原型的两侧片作合并处理。

将肩省分化为肩部缩缝、劈背、袖窿归拢量三部分，将胸省转移至腰省，留0.5cm左右为前袖窿归拢量，腰省作相应合并处理（图7-13）。

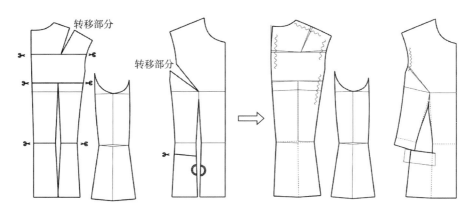

转移部分

转移部分

图7-13

(四)结构设计

1. 衣身结构设计

制图胸围按B/2+2cm（省损量）+ 0.5cm（布厚增量）作图；前后横开领在原型领窝基础上开大1cm；袖窿深量身定做时经过肩端点、前后腋点，环绕手臂根部测量一周得到臂根围尺寸，加放6cm左右松量后作为袖窿弧长的尺寸，也可根据胸围尺寸测算袖窿弧长，一般为B/2左右（图7-14）。

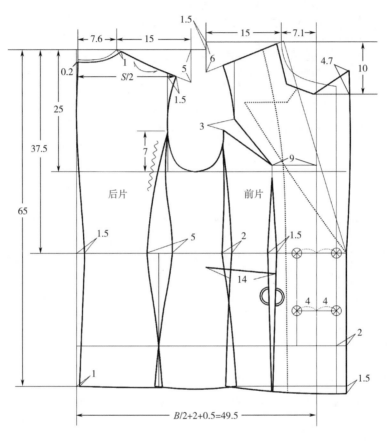

图7-14

2. 胸省转移过程

沿开袋线剪开，转移前片胸省至前腰省处，修正省道，省尖回调3.5cm，画顺，修正口袋位（图7-15）。

3. 西服领结构设计

翻折线为直线型的戗驳头翻领结构。

①设后领座高a=3cm，后翻领高b=4.5cm，在前衣身驳口线的内侧，预设驳头和领子的形状，在后身也画出领子的形状，估计出外领口的尺寸（图7-16）。

②沿着翻折线对称复制，画出前领形状（图7-17）。

③在前领对称点，以后领座高a+后翻领高b为半径作弧，旋转距离为#−∗+布料厚度（0.3~0.5cm）。

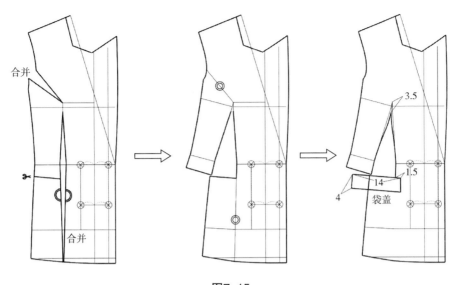

图7-15

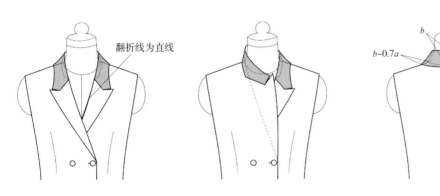

图7-16

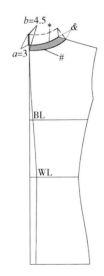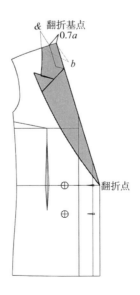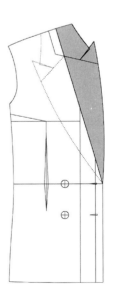

图7-17

④以领座高*a*+翻领高*b*为一条边，以后领窝长*为另一条边作矩形。

⑤前后领用光顺的线条连接（图7-18）。

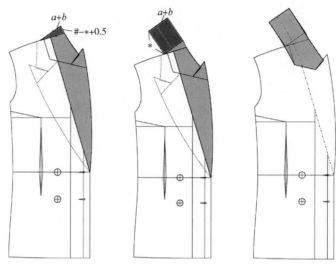

图7-18

4.西服袖结构设计

①绘制袖山斜线：取前后平均袖窿深的5/6降0.6cm为袖山高，袖山吃势设定2.5cm，按
FAH-0.5，BAH绘制前、后袖山斜线（图7-19）。

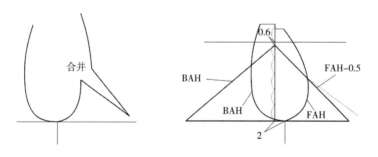

图7-19

②绘制袖山弧线：对称拷贝前后袖窿弧线，画袖山弧线，袖山底部与袖窿底弧线吻合，
并测量前后袖山弧长是否与袖窿弧长配套，画顺调整（图7-20）。

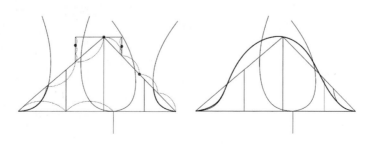

图7-20

③绘制袖身结构：袖肘线的弯曲度按前轮廓线袖肘处凹进0.5~1cm，后袖肘线点在袖口与袖肥连线与袖肥宽线中点的连线处；连接袖肥点、袖肘线点、袖口前偏量等关键点，画顺绘制袖身轮廓线（图7-21）。

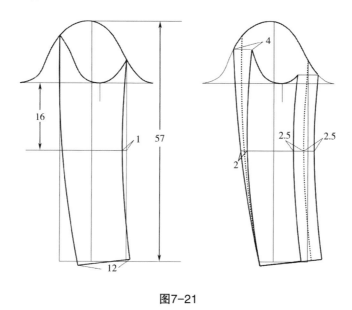

图7-21

二、弧形刀背缝女西服制板

（一）款式特征

此款式女西服为四开身弧形刀背缝结构，较合体卡腰风格，单排一粒扣，平驳头西服领，两片弯身合体袖（图7-22）。

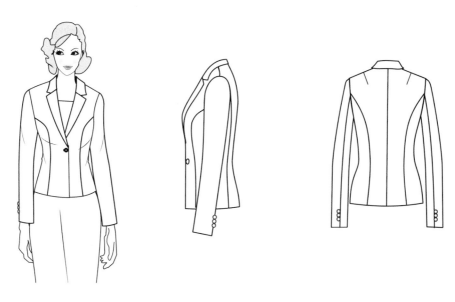

图7-22

（二）规格设计

参考三开身女西服规格设计（表7-3）。

表 7-3 单位：cm

号型	部位	后衣长（L）	胸围（B）	肩宽（S）	腰围（W）	臀围（H）	袖长（SL）	袖口宽（CW）
160/84A	净尺寸	—	84	38	68	90	57	—
	成品尺寸	58	94	39	78	98	58	12.5

（三）原型应用

（1）以四省胸臀原型为基础，将后片肩省量分为四部分，一部分留肩部缩缝0.6cm，一部分为袖窿归拢量，一部分转移至分割线上的归拢量，一部分为背缝归拢量。

（2）将前片胸省转移至分割缝，在分割缝胸点附近留0.3cm归拢量（图7-23）。

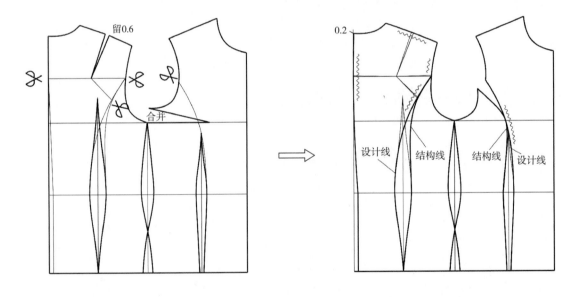

图7-23

（四）结构设计（图7-24）

（1）衣身结构设计：制图胸围按B/2+2cm（省损量）+0.5cm（布厚增量）作图；前后横开领在原型领窝基础上开大1.5cm。

（2）平驳领结构设计：可参考三开身女西服领，领座2.5cm，翻领4cm。

（3）袖子结构设计：可参考三开身女西服。

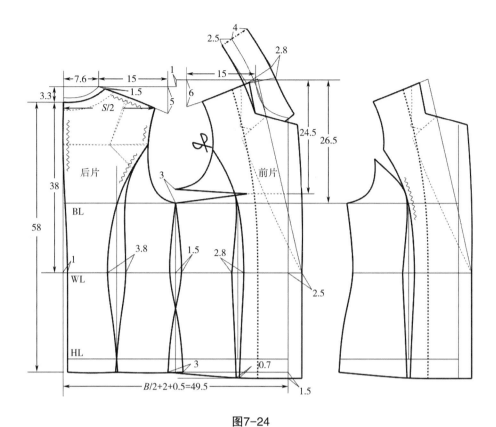

图7-24

三、男士风平驳领女西服制板

（一）款式特征

本款女西服为三开身结构，较宽松腰部设计，肩宽较宽有男性化风格，单排一粒扣，平驳头西服领，两片弯身袖（图7-25）。

图7-25

（二）规格设计（表7-4）

表7-4 单位：cm

号型	部位	后衣长（L）	胸围（B）	肩宽（S）	腰围（W）	臀围（H）	袖长（SL）	袖口宽（CW）
160/84A	净尺寸	—	84	38	68	90	57	—
	成品尺寸	72	104	42	96	114	60	14

（三）原型应用

（1）以六省胸臀原型为基础，将后片肩省量分为三部分，一部分留肩部缩缝0.6 cm，一部分为袖窿归拢量，一部分为背缝归拢量。

（2）前片胸省分化为三部分，一部分为撇胸，一部分为袖窿松量，一部分为领口省量（图7-26）。

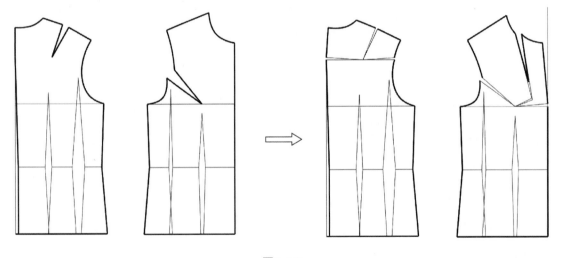

图7-26

（四）结构设计

（1）衣身结构设计：制图胸围按$B/2+1$cm（省损量），后中长72cm作出衣身框架；按肩省1cm，胸省15：3作出基础原型，待下一步转省处理。前后横开领在原型领窝基础上开大1.5cm（图7-27）。

（2）省的转移：肩省1cm留0.5cm作缩缝，其余转入袖窿，胸省转0.5cm至前中作撇胸，转0.5cm至袖窿，其余转至领口省（图7-28）。

（3）男装风格西服袖结构设计：如图7-29所示。

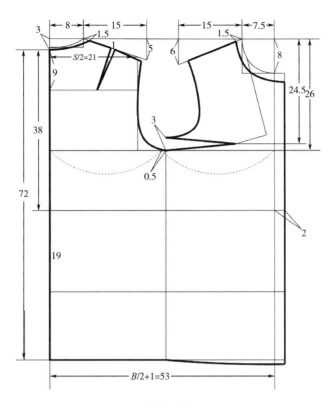

图7-27

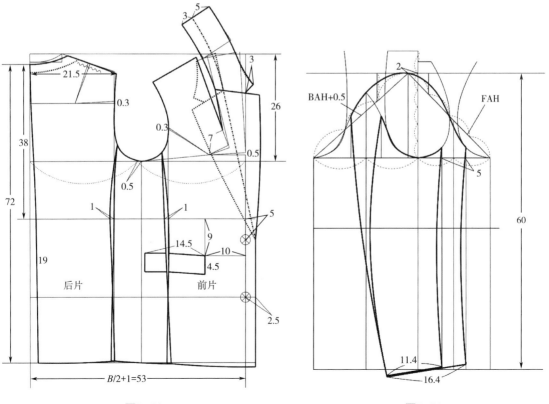

图7-28　　　　　　　　　　　　图7-29

四、男士风平驳领两粒扣女西服制板

（一）款式特征

本款女西服为三开身结构，较宽松腰，肩较宽的男性化风格，单排二粒扣，平驳头西服领，两片袖（图7-30）。

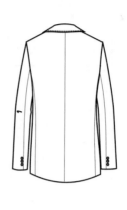

图7-30

（二）规格设计（表7-5）

表 7-5 单位：cm

号型	部位	后衣长 （L）	胸围 （B）	肩宽 （S）	腰围 （W）	臀围 （H）	袖长 （SL）	袖口宽 （CW）
165/86A	净尺寸	—	86	39	68	90	57	—
	成品尺寸	72	106	43	100	106	60	14

（三）原型应用

（1）以六省胸臀原型为基础，将后片肩省量分为三部分，一部分留肩部缩缝0.6cm，一部分为袖窿归拢量，一部分为背缝归拢量。

（2）前片胸省分化为两部分，一部分为撇胸，另一部分为袖窿松量和袖窿省待处理量（图7-31）。

（四）结构设计

（1）衣身结构设计：制图胸围按$B/2+1$cm（省损量），后中长72cm作出衣身框架（图7-32）。

（2）省的转移：肩省1cm留0.6cm作缩缝，胸省转0.5cm至前中作撇胸，0.5cm为袖窿松量，胸省1.4cm作为待处理量。

前片胸省转移示意图如图7-33所示。

（3）袖子结构设计：如图7-34所示。

（4）领子结构设计：领子结构作分割处理（图7-35）。

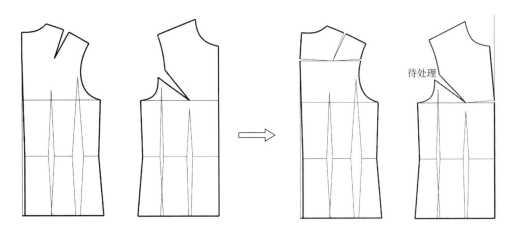

图7-31

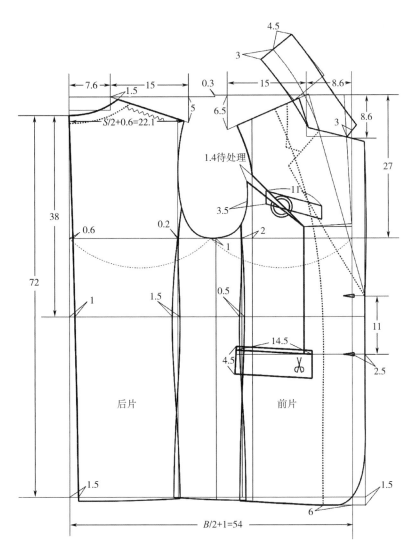

图7-32

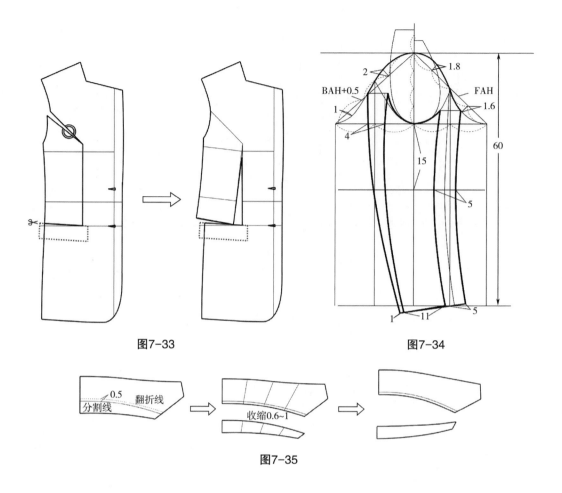

图7-33

图7-34

图7-35

（五）纸样制作

（1）面布纸样：未标注缝份为1cm（图7-36）。

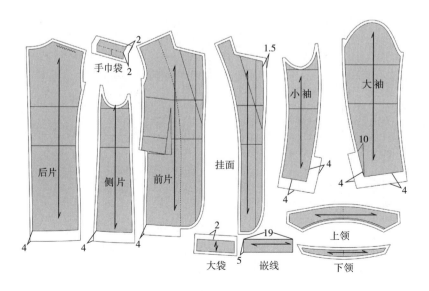

图7-36

（2）里布纸样：在净样上放出，未标注放出量为1.3cm，其他配制按图上尺寸提示进行（图7-37）。

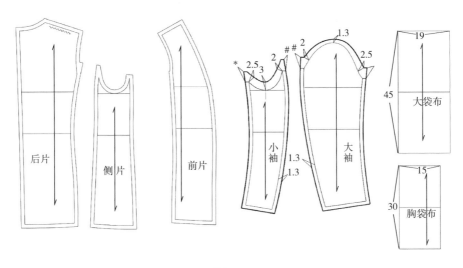

图7-37

第四节　男西服排料、裁剪与缝制工艺

在制作西服的过程中，为保持整个前片（尤其是前胸部位）的挺括，需要在面料和里布中间，缝制或填充由毛、棉和麻编织而成的衬布。西服有黏合衬、半毛衬和全毛衬工艺（图7-38）。

图7-38

黏合衬的加工工艺是直接通过高温压烫融化黏胶将有纺衬粘在面料的内侧，然后内部再加上胸绒后将面料、里料组合缝制即可成衣。随着服装工艺的不断发展进步，现在黏合衬的塑型效果较好，价格方面也更适合大多数的消费者（图7-39）。

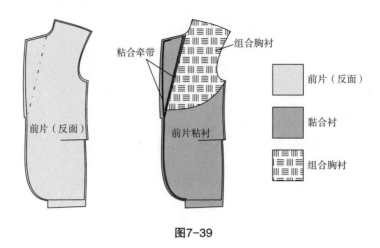

图7-39

本款西服为黏合衬加组合胸衬缝制工艺。

一、单件制作男西服材料准备

（1）面料：全毛、混纺等，有效布幅145cm的计划采购面料数量为衣长+袖长+零料（15cm）等共约150cm。

（2）里料：尼丝纺、美丽绸里布，有效布幅145cm的采购计划数约120cm。

（3）领底呢：领底呢一块。

（4）有纺黏合衬：前片、挂面、侧片上部、领面等约1.2m。

（5）无纺黏合衬：开衩位、袖口贴边、大袋口、袋盖面、嵌线等零部件约0.5m。

（6）硬衬：手巾袋口。

（7）组合胸衬：一对。

（8）垫肩：一对。

（9）黏合牵带：约200cm。

（10）纽扣：门襟纽扣2个，袖扣、里袋小纽扣11个（含备用扣1个）。

（11）标：主标1个，洗水标1个，尺码标1个。

（12）缝纫线：与面料同色。

二、面料的整理与样板排列

（一）面料的缩水与纱向整理

根据面料的性能用蒸汽烫斗进行预缩，要从面料的反面进行熨烫，用烫斗一边烫正纱向一边平缓拉伸面料。

（二）样板的检查

（1）检测各设计尺寸是否正确，相关缝合部位是否等长或者有相应的吃缝、归拔量。

（2）拼合纸样的前后片，检查袖窿、领口是否光顺并修正。

（三）样板的排列

根据面料的不同，排料时会有一些特别的要求：

（1）面料的排料：本款按布幅150cm，对折后进行排列，参考用量约160cm（图7-40）。

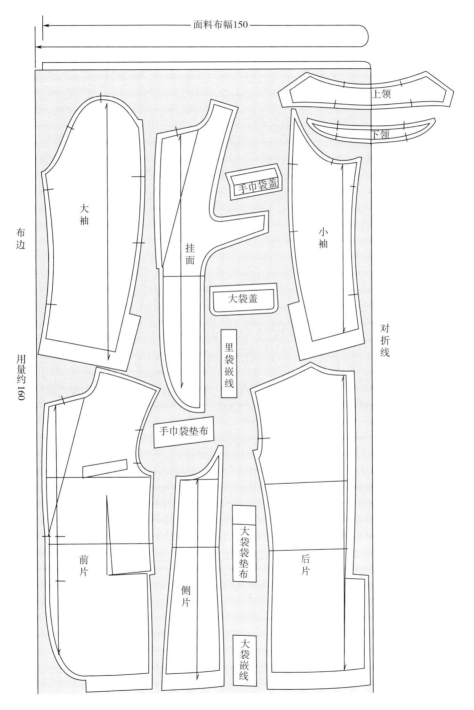

图7-40

（2）里料的排列：本款按布幅150cm，对折后进行排列，参考用量约150cm（图7-41）。

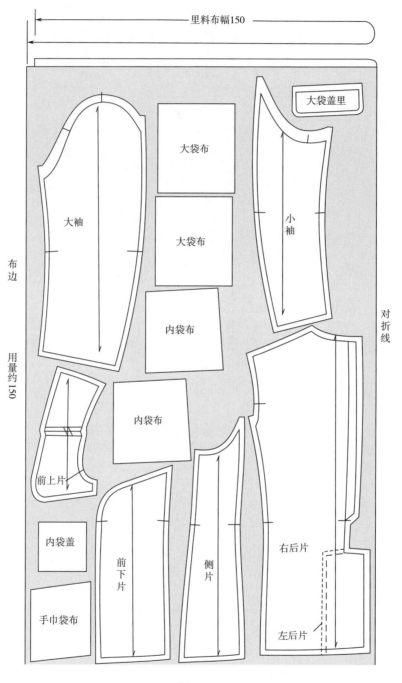

图7-41

（3）衣片的裁剪：将布料对折铺平，松紧适当，按排列纸样准确裁剪衣片，并做好裁剪记号。

特别注意：需要粘衬的面料衣片在裁剪时，要在样板的四周放出一定的缩量，以便毛样粘衬后受缩率影响，然后根据样板进行精确裁剪。

三、条格面料对条对格

对于有条格的西服，排料时必然会涉及对条对格的处理，同时对布料的条格质量即条格尺寸的稳定性要有所保证。

（一）男西服对条对格要求（图7-42）

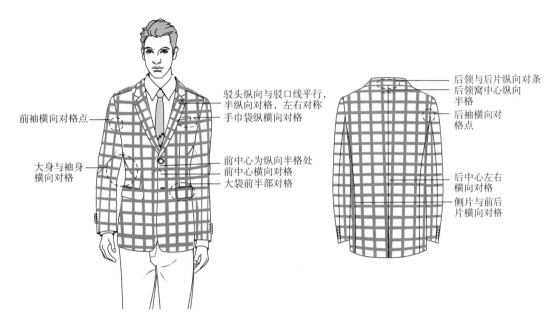

图7-42

（二）条格面料男西服排料方法

1. 设定衣片格子点

首先要确定各裁片的对格关系。在各衣片间存在着主从关系，取主要作用的衣片为主片，该衣片对格位置确定后，才能确定其他衣片，各衣片均有一个对格点，主从关系的衣片通过匹配位置对条对格。

（1）设定横条主对格点：在西装的前片胸围线与前中心线的交点A为横条主对格点（纵向处于半格处），此时可找到前片上横条对格子点E_1点，D_1点，胸袋和大袋纵横向全对格点I_1点，J_1点。

（2）设定横条对格子点匹配点：在前片与侧片分割线的胸围线上B_1与B_2点分别为横条对格子匹配点。同理C_1、C_2为匹配点；D_1、D_2为匹配点；E_1、E_2为匹配点；F_1、F_2为匹配点；注意E_1点为前片袖窿刀眼、E_2点为大袖对应前片袖窿刀眼点。

（3）设定竖条主对格点：后领窝中点G_1为竖条主对格点。

（4）设定竖条对格子点匹配点：后领窝中点G_1与领片下口中心G_2点此二点为条竖对格子匹配点，上下级领分割线中心H_1、H_2点为竖条对格子匹配点。

（5）纵横向全对格点：胸袋上I_2点和大袋上J_2点与前片上胸袋定位I_1点和大袋定位点J_1点对

应排料。

2. 对条对格排料

由于衣片有主从关系，所以对于主对格子的衣片和对格子匹配点的衣片排放方法自然不同，因此排料时应先排主片，再排匹配点的衣片（图7-43）。

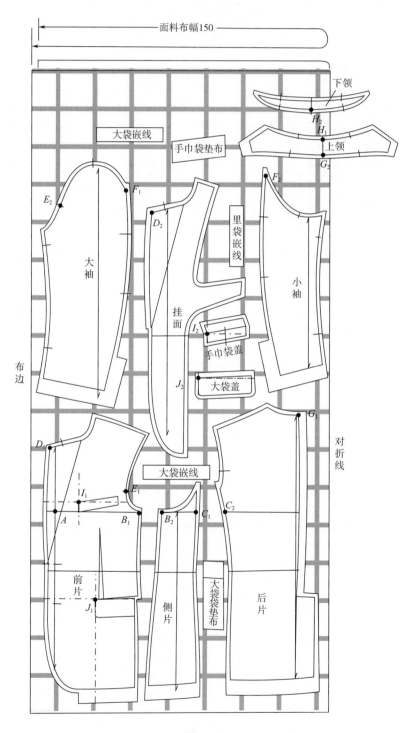

图7-43

四、男西服缝制工艺流程

男西服的缝制工艺与服装缝纫设备和工艺流程设计有关，本款男西装缝制工艺采用普通平缝机设备单件缝制，而非男西服工业流水线工艺流程。

（一）验片

检查、核对衣片的裁剪数量及质量。

（1）面料裁片：2片前片、2片侧片、2片后片、2片挂面、2片大袖片、2片小袖片、1片胸贴盖、2片大袋盖、3片袋垫布、4片嵌线、1片上领片、1片下领片。

（2）里布裁片：2片前上片、2片前下片、2片侧片、2片后片、2片大袖片、2片小袖片、2片胸袋、2片大袋盖、4片大袋布、2片内袋盖。

（3）主要衬料裁片：2片前片、2片挂面、1片上领片、1片下领片。

（二）粘衬

1. 粘有纺衬

为了西服挺括，黏合衬的作用很重要，宜选用性能优良、与面布协调的黏合衬，并粘合规范。有纺黏合衬粘合部位包括前片、挂面、侧片上部、领面等（图7-44）。衬布比面布毛样板每边缩进0.2cm。

图7-44

2. 粘无纺衬

为了制作工艺需要，无纺衬粘合部位包括开衩位、袖口贴边、大袋口、袋盖面、嵌线等处，衬布比面布毛样板每边缩进0.2cm（图7-45），手巾袋口用硬衬。

（三）打线钉

打线钉的目的是保证缝制衣片有准确的净缝位置和对位记号，打线钉的部位包括确保衣片左右位置对称处、缝份特别的地方、衣片对位点等。

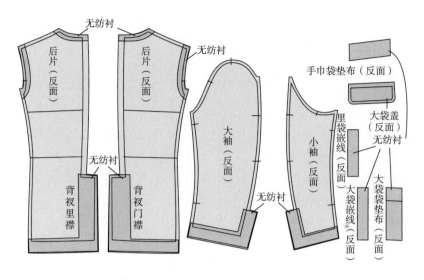

图7-45

1. 打线钉的方法

①用长短针法将两层面料缝合，注意挑线短、浮线长（图7-46）。

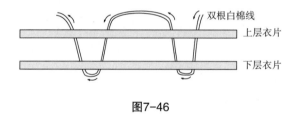

图7-46

②将上层衣片上的长线剪断（图7-47）。

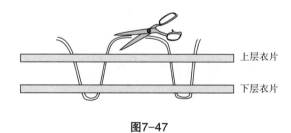

图7-47

③剪断上、下层衣片之间的白棉线，再将上层衣片上的长线剪短（图7-48）。

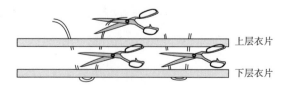

图7-48

2. 衣片打线钉

①前衣片线钉：驳口位、省位线、手巾袋位、大袋位、腰节位、纽位、底边线、前袖对位点。

②侧片线钉：腰节位、底边线。

③后衣片线钉：背缝线、腰节位、底边线、后袖对位点。

④袖片线钉：袖山对位点、袖缝对位点、袖衩线、袖底线（图7-49）。

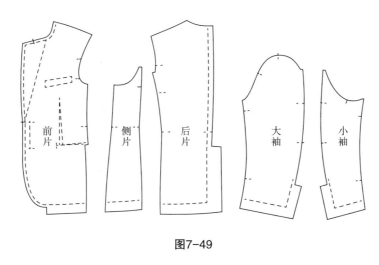

图7-49

（四）收省

1. 剪省

在大袋口位置将肚省裁剪掉，按线钉将肚省画直，剪至省底位置（图7-50）。

2. 扎缉胸省

①在无法剪开的省尖部位安放一块宽3cm缉省斜丝垫布，长度从腰围线上2cm至过省尖1cm（图7-51）。

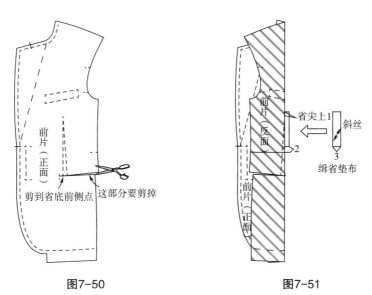

图7-50   图7-51

②从腰省底处倒针开始缉省至省尖，省尖处线头留长一些，用锥子挑起来打结（图7-52）。

③将省缝剪开至垫布位置，并将省缝一侧打开剪口。再将省尖垫布剪开，缉省垫布剪出高低层（图7-53）。

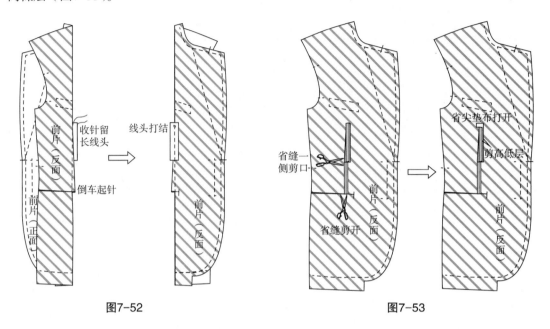

图7-52   图7-53

④在吸风烫台上吸住衣片，整理经向线，前中心侧衣片经向顺直，A烫斗和B烫斗沿箭头方向归拢，将收腰效果转换至省缝与侧缝之间，使腰部具有立体感（图7-54）。

3. 大袋口粘衬

用无纺衬将大袋口裁口完全对合粘住，黏合衬宽3cm，长出口袋2cm（图7-55）。

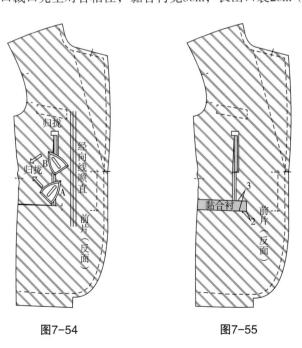

图7-54   图7-55

（五）缝合侧衣片

①缝合侧片：在侧片大袋位烫黏合衬，将前片和侧片面对面对合，对齐腰部线钉，按缝份进行缝合（图7-56）。

②劈缝熨烫：反面将缝份劈开熨烫，熨斗A腹部归拢，熨斗B袖窿下归拢，熨斗C、D沿箭头方向归拢，将收腰效果转换至两侧缝之间（图7-57）。

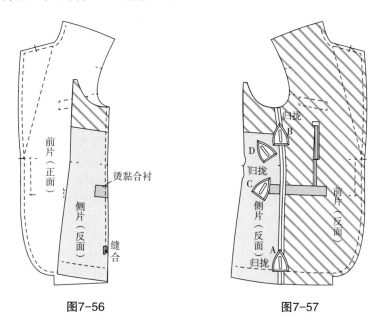

图7-56　　　　　　　　　　图7-57

（六）推门

衣片本是平面的，通过推、归、拔的熨烫工艺，使平面的衣片形成符合人体的曲面效果，对前衣片的熨烫工艺处理称为"推门"。

1. 推烫止口

将大衬衣片的反面朝上，止口靠自身一边摆平，蒸汽熨斗A从省尖开始，经中腰将前侧丝缕向止口方向推烫，丝缕向止口方向弹出0.6cm，胸省后侧余势归拢，袋口向下丝缕归直，然后熨斗B将驳口线中段归拢0.3cm（图7-58）。

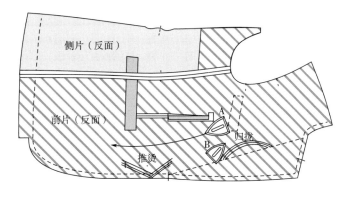

图7-58

2. 归烫摆缝、袖窿、肩头、底边

①归烫摆缝：将大身衣片的反面朝上，摆缝靠自身一边摆平，上段横丝抚平烫顺，摆缝下段臀部胖势归拢烫直。

②归烫前袖窿：将胸部烫挺，使袖窿产生回势，然后将回势归拢烫平。

③归烫肩头：先把领圈横丝烫平，直丝后推0.6cm，肩头横丝朝胸部方向推弯，回势归拢。外肩上端7cm处直丝伸长，使肩头产生翘势。

④归烫底边：将底边弧度向上推，把所产生的回势归拢，底边弧线归直（图7-59）。

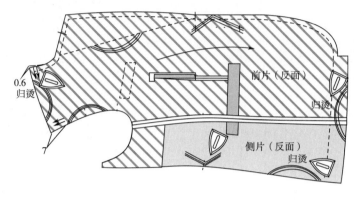

图7-59

（七）做胸衬、敷胸衬

1. 组合胸衬

男西服要求胸部饱满、挺括，除了大身衬以外，要加组合胸衬。组合胸衬由黑炭衬和腈纶棉组成。组合胸衬可从服装辅料商店购买，也可自己制作。

组合胸衬制作方法：

①制作组合胸衬纸样：胸衬驳口线比大身驳口线偏进1.5cm，胸衬下端在腰围线上2cm，肩部和袖窿处放出1~2cm的修剪量（图7-60）。

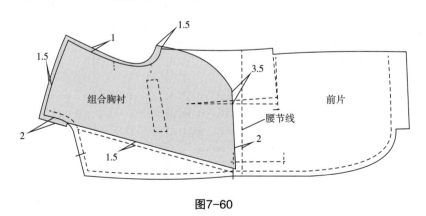

图7-60

②按组合胸衬纸样在黑炭衬驳口线中间和腋下12cm处，剪开6cm省道长，剪开后叠过1cm用三角针缉封（图7-61）。

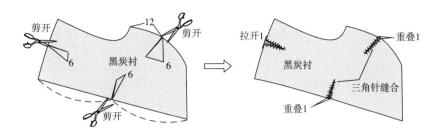

图7-61

③将黑炭衬和腈纶棉叠合，黑炭衬在上、腈纶棉在下，放在弧形烫凳上（图7-62），保持窝势呈立体形，缉三角针定型。然后在肩下8cm处开始在驳口线缉缝1.5cm宽黏牵带，注意中段略拉紧（图7-63）。

图7-62

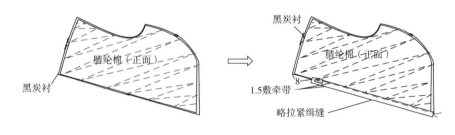

图7-63

2. 敷胸衬

敷胸衬是将组合胸衬与大身胸部胖势对准，各处松紧适当地扎定在一起。

敷胸衬先从里襟开始，组合胸衬驳口线比大身驳口线偏进1.5cm，胸衬下端在腰节线上2cm处，对准后衬在大身的下面，放在弧形烫凳上依次扎定（图7-64）。

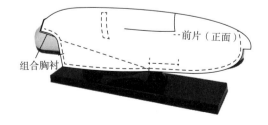

图7-64

①从肩线中端向下8cm处起针，经胸省至中腰上部2cm为止，中腰丝缕向止口方向推弹0.6cm（图7-65）。

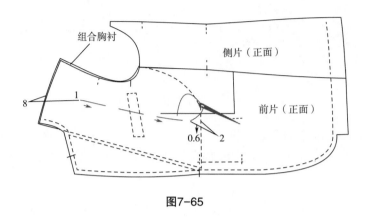

图7-65

②将袖窿一侧搁起，胸部窝转，离驳口线2cm绷缝一道线（图7-66）。

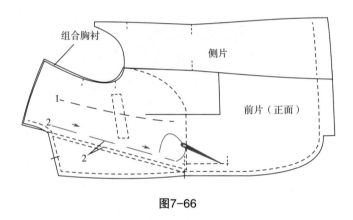

图7-66

③将驳头一侧搁起，胸部窝转，肩颈点向下8cm处起针，平行肩缝绷缝至离袖窿3cm处转向沿袖窿绷缝，最后沿胸衬轮廓绷缝至②号线（图7-67）。

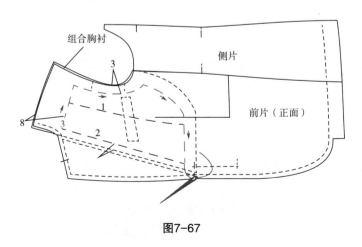

图7-67

④敷好组合胸衬后，大身反面如图7-68所示。

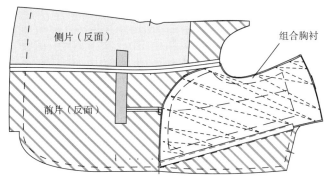

图7-68

（八）做手巾袋

1. 袋口配衬、配口袋布

手巾袋袋口衬选用树脂衬，按净样裁剪准确，注意两侧为直丝。手巾袋袋布下口袋布比上口袋布长1.4cm，这是因为胸袋装至衣身上时，缝份为0.7cm，两倍缝份为1.4cm（图7-69）。

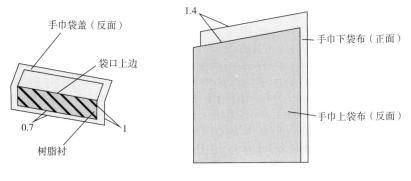

图7-69

2. 缉缝口袋

将胸袋袋垫布下口锁边，缉缝在下袋布上；将袋口衬粘烫在袋口面料的反面，然后扣烫两侧，再扣烫上口，修剪三角，烫直上口，拼缝到上袋布上（图7-70）。

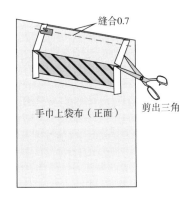

图7-70

3. 开袋缉线

①第一道线：已缝好上袋布的袋口反面朝上与大身正面（与组合胸衬一起）相合，对齐袋位下口线按0.7cm缝份沿袋口衬边沿缉线。

②第二道线：离第一道线1.4cm，将带有袋垫布的下袋布反面朝上平行缉缝在大身正面（与组合胸衬一起），注意第二道缉线两端缩进0.4cm回针打牢，避免该缉线露出袋口两端（图7-71）。

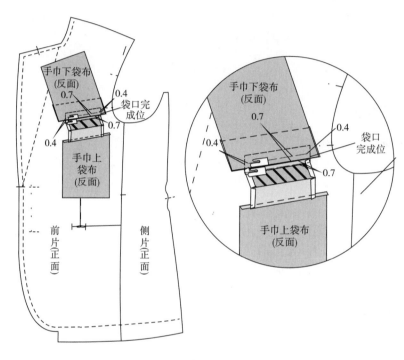

图7-71

4. 剪开袋口线

在第一道缉线和第二道缉线间剪开，两端呈Y字形剪开线，注意剪开线不能超出缉缝线止点和口袋完成位。剪开两端Y字形时，A边只剪开大身（含组合胸衬），B边要剪开袋布（含袋垫布）（图7-72）。

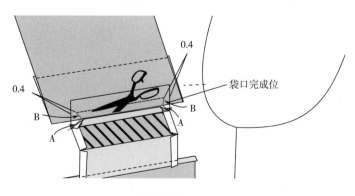

图7-72

5. 胸袋口劈缝，熨烫整理

将有袋口布的上袋布翻至反面，劈缝，熨烫袋口布与前身的缝份，为了减小面料的厚度，先将袋口布前端的折边翻出折倒（图7-73）。

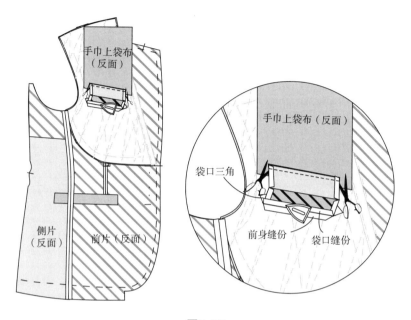

图7-73

6. 垫袋布劈缝，熨烫整理

将有垫袋布袋口布的下袋布劈缝熨烫，在前衣身的正面将缝份的两侧缉边线，防止缝份浮起（图7-74）。

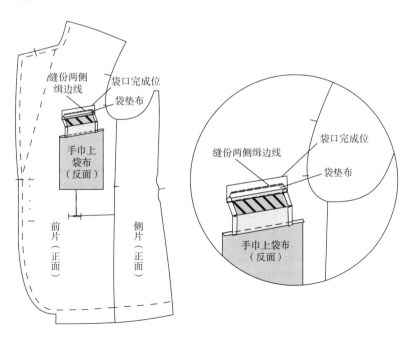

图7-74

7.缉袋布

将袋布翻至衣身反面，在下袋布两端垫上承力衬，和袋布一起缝合，缉缝时缝线离袋口两端0.5cm，留出缝纫机的压脚位（图7-75）。

8.袋口布两端缝合

保持袋口两侧丝缕顺直，用机器缉缝袋口侧0.15cm明线（图7-76）。当袋口设计为无明线时，用暗缲手工针缝合胸袋两侧。

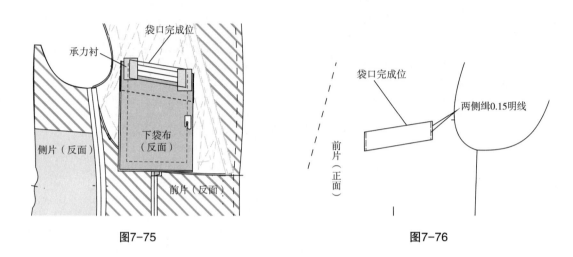

图7-75　　　　　　　　　　　　　图7-76

（九）做腰部双嵌线大袋

1.做嵌线

①将嵌线直料长20cm、宽5cm烫无纺衬，修直一侧，先向反面扣烫1cm，以此为基础再扣转2cm（图7-77）。

图7-77

②缉嵌线：将熨烫好的大袋嵌线与大身正面相合，翻开下嵌线，嵌线居中与袋位线对齐，离上嵌线边0.5cm缉上嵌线，然后将下嵌线合上，离下嵌线边0.5cm缉下嵌线，注意缉线顺直，宽窄一致，起止点回针打牢（图7-78）。

③剪开双嵌线袋口线：在第一道缉线和第二道缉线中间剪开，两端呈Y字形，注意剪开线不能超出缉缝线止点。三角折向反面烫倒，然后将嵌线塞到反面，上下嵌线缝头分别向大身坐倒，将嵌线扣烫顺直（图7-79）。

④封三角：将上下嵌线拉直，使袋口闭合，翻开衣身铺平嵌线和三角，来回缉缝三道线封三角，以保证袋角方正无毛边（图7-80）。

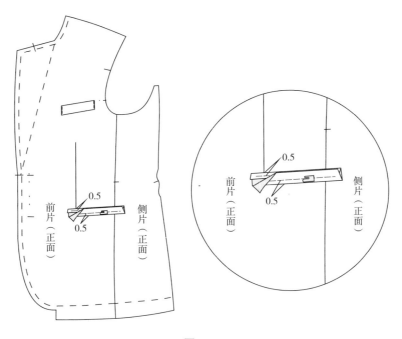

图7-78

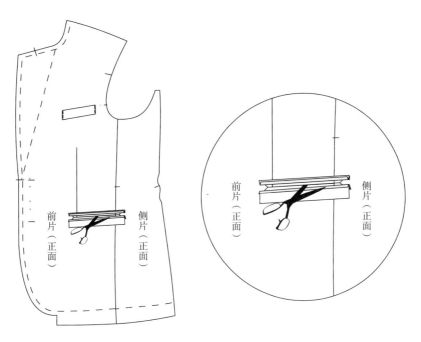

图7-79

⑤绱上袋布：将上袋布折叠缝拼接到下嵌线上（图7-81）。

2. 做袋盖

①裁剪袋盖：袋盖面烫衬后按袋盖净样板精确画好，前侧直丝，上口放缝1.3cm，其余

三边0.8cm。袋盖里用里料裁剪，用斜料比较轻薄，按袋盖净样板上口放缝1.3cm，其余三边0.5cm。条格面料对条对格原则为对前不对后，对下不对上（图7-82）。

②缉袋盖：袋盖面、里正面相合，面在下、里在上，边缘对齐，按划样的净样线三边兜缉。兜缉注意袋角两侧里子略拉紧，翻出后保证袋盖圆顺、窝服（图7-83）。

③修缝份：将三边缝份修至0.4cm，圆角处修至0.2cm，沿缉线将缝份朝里子一侧烫倒（图7-84）。

④烫袋盖：将袋盖翻至正面，驳挺止口，翻圆袋角，窝转袋盖，熨烫好后将下袋布安放在下面缉合（图7-85）。

3.缉袋盖、缉袋布

①塞袋盖：将缉好下袋布的袋盖塞到上嵌线下（图7-86）。

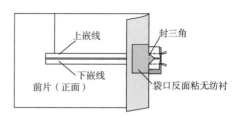

图7-80

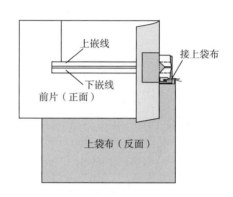

图7-81

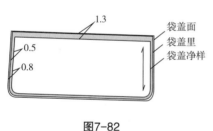

图7-82

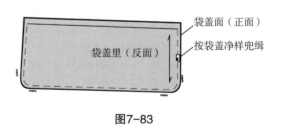

图7-83

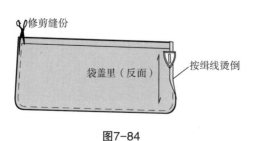

图7-84

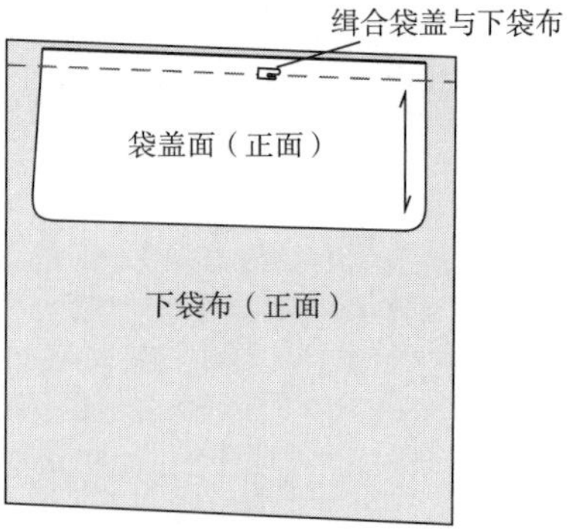

图7-85

②缉袋盖：翻开大身正面，将缉好下袋布的袋盖、上嵌线内侧对位后缉牢（图7-87）。

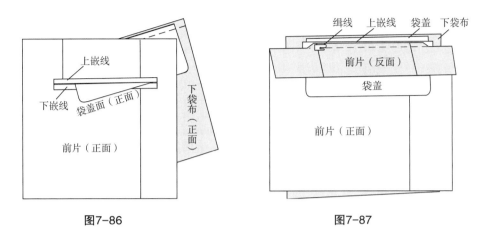

图7-86　　　　　　　　　　　　　　　　　图7-87

③兜缉袋布：将袋盖塞到上嵌线下（图7-88）。

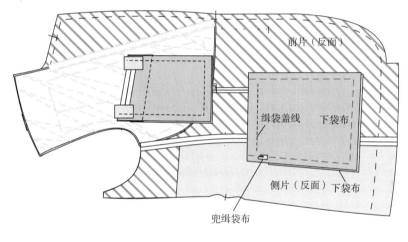

图7-88

（十）敷牵带

1. 修止口
用净样板画准驳头、前止口、圆角处的净缝线，按0.8cm缝份修顺止口。

2. 敷牵带
牵带起加固、牵制、固定作用。目前通常使用成卷的带黏合胶的黏牵带。

①将组合胸衬上的牵带中段略拉紧与大身烫牢，并且使用手针用本色线将大身与黏带拱住。注意拱针针距0.5cm，正面面料只拱缝住一两根丝。

②沿串口线净缝线内侧，用1cm宽直料黏带平敷，一直敷到过串口线交点5cm为止。

③沿大身止口内侧，用1cm宽直料黏带平敷，注意驳头中段、圆角处打剪口后顺着弧线略为收紧。

④用0.5cm宽直料黏带对齐前袖窿边缘，先拉紧牵带，再缉缝外侧，再在黏带内侧打剪口

后顺着袖窿粘烫好（图7-89）。

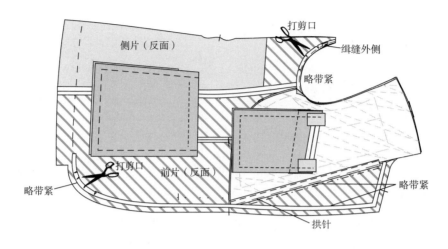

图7-89

（十一）烫前身

前片经过覆衬、开袋、敷牵带后，需对前身进行一次整烫，否则覆上里子以后，有些部位就再难以熨烫到位了。整烫由里到外、由上而下进行。肩头要烫得有翘势，胸部、大袋要烫出胖势，腰节拔开、胸省推弹，袋盖、底边窝服，驳头按线钉折转熨烫，注意左右对称，上中段烫实，下段10cm不烫实（图7-90）。

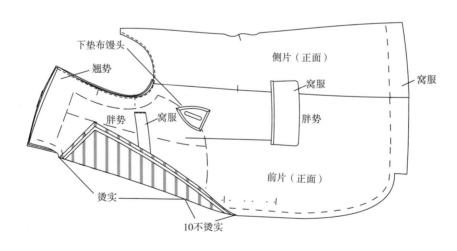

图7-90

（十二）拼里子、做里袋

（1）准备挂面：挂面裁剪时驳头外口为直丝（当为条格面料时纵向条与外止口平行），将挂面外口直丝缕拔弯，使它与大身驳头外口形状一致，使挂面里口产生回势，然后把里口回势归烫平服，并将里口修顺（图7-91）。

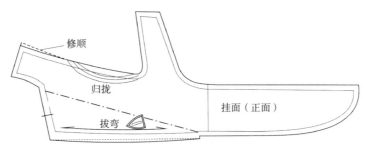

图7-91

（2）拼接里子：挂面在下，里子在上，正面相合，按对位记号拼缝，按0.8cm缝份合缉，缝份朝里子侧烫倒，前上片里子有一个活褶作为里布松量，然后拼里子侧片，缝份朝后身烫倒（图7-92）。

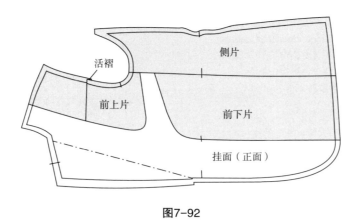

图7-92

（3）做里袋：挂面左右各做双嵌线里袋一个，袋口宽13cm，嵌线宽0.4cm，装三角形袋盖，门襟一侧前下里布做卡袋一个，袋口宽8cm，嵌线宽0.4cm，完成后在门襟一侧里袋下订商标（图7-93）。

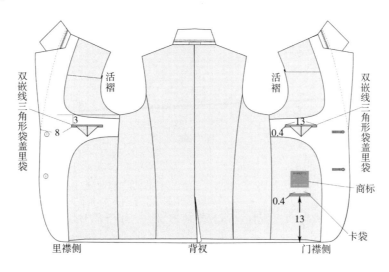

图7-93

①做三角形袋盖。取长宽均为11cm的正方形西服里料一块，反面烫薄无纺衬，经向对折。在对折线上1cm处双层锁1.8cm风眼一个，再纬向连折形成三角形（图7-94）。

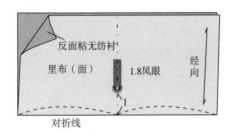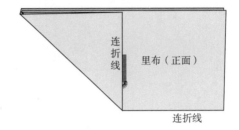

图7-94

②参考衣身双嵌线大袋的方法按图7-66所示的里袋定位进行开袋，将三角形袋盖绱在下袋布上再一起缉缝在上嵌线上（图7-95）。

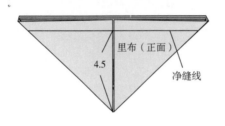

图7-95

③参考衣身双嵌线大袋的方法做双嵌线卡袋。

④完成前片拼里子、开里袋，反面效果示意图如图7-96所示。

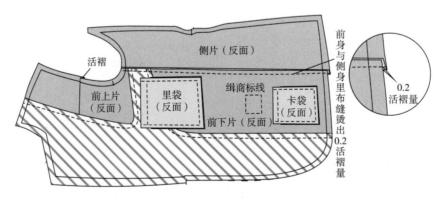

图7-96

（十三）敷挂面

先将两个挂面外口拉丝修直，以保证驳头外口为直丝。这一点对于条格西服尤为重要。

1. 摆挂面

大身正面向上，挂面正面向下，对准敷合，注意挂面驳头外口比大身外口超出一定的量，一般依面料的厚薄在0.3~0.5cm，驳折点以下与大身止口对齐（图7-97）。

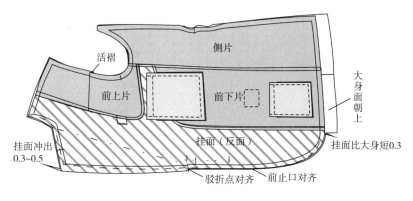

图7-97

2. 扎挂面与前身

为了固定挂面与前身止口位的层进关系，用针距2cm单股扎线，以便下一步准确缉缝。

用大头针将驳折点A处固定，将角点B对合，绷缝线至驳角C处，为了使驳角不外翘，绷缝线至C、D间时，挂面向里推进0.3~0.5cm（视面料情况），D、E之间稍绷紧，驳折点A至G挂面与大身止口对齐；在止口圆角F处让挂面短0.3cm的量与大身对齐，H位置按箭头方向使挂面打卷至I点（图7-98）。

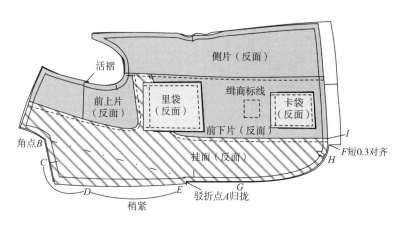

图7-98

3. 缉缝挂面与前身

大身在上，挂面在下，沿牵带边用缝纫机缝合，自驳角C处起针，经驳头、止口、圆角、底边至挂面里侧。注意按净样缉线，起止处用回针机缝牢。驳折点要打一斜针，驳角点则缝成圆弧形，驳头翻过来后成型良好，并在大身绱领止点处打剪口（挂面绱领止点不打剪口）（图7-99）。

（十四）做止口

①分烫缝份：先拆掉绷缝线，使用铁凳，用熨斗自绱领点开始将大身缝份向里倒分缝烫平，经圆头后顺势将底边按净样线扣烫，至绱领剪口位（图7-100）。

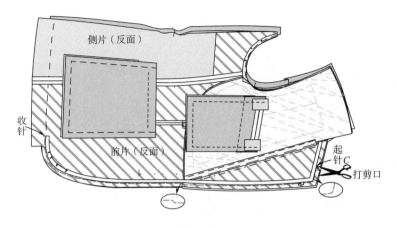

图7-99

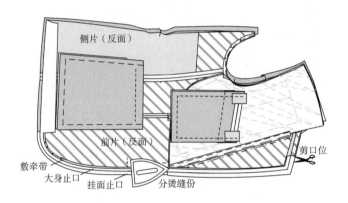

图7-100

②修剪缝份：从底边的折边角开始将大身侧的缝份修剪去一半，留0.5cm左右，挂面底边也可适当修剪（图7-101）。

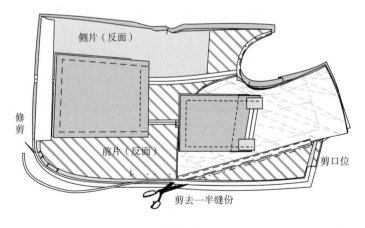

图7-101

③驳头处修剪缝份：大身驳头留0.5cm至剪口处，但剪口处保留1cm，从挂面驳折点起将缝份修剪成1cm，驳角处修剪三剪刀，使驳角翻过来后尽可能薄（图7-102）。

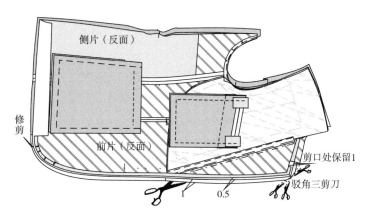

图7-102

④烫止口：从底边开始至驳折点，将衣身和挂面的缉缝线连缝份向大身折进0.1cm。而驳头部分折进方向正好相反（图7-103）。

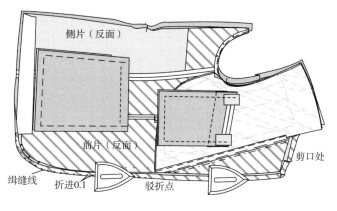

图7-103

⑤翻挂面并熨烫：将挂面翻过来进行熨烫。熨烫时注意前工序的折进量，底边至翻折止点，在挂面一侧熨烫，并将挂面向内缩进。驳头一段则在大身一侧熨烫，并将大身向内缩进，并将翻折线以内的余量烫平（图7-104）。

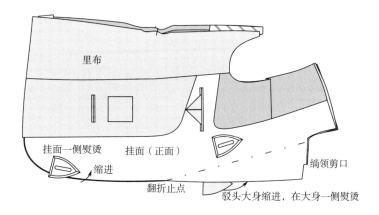

图7-104

⑥折驳头：先在前身将驳头沿驳折线折转，调整好使驳头具有窝势，用环形针手工绷缝，自串口线下2cm至翻折止点（图7-105）。

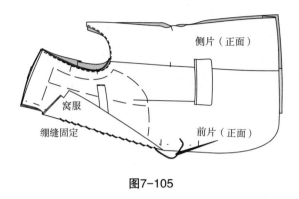

图7-105

⑦叠挂面：沿挂面与里布拼缝的位置绷缝定一条线，底边下摆处要有向内的扣势，驳头翻折处注意里外的层势（图7-106）。

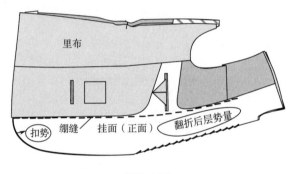

图7-106

⑧固定挂面内口缝份与口袋布：将挂面与里子的绷缝线翻开，自肩缝线下8cm处起针，把挂面与里布的拼接缝份与胸衬手针固定，并将里袋、手巾袋布缝份与胸衬或邻近的大身衬缝份以手针固定（图7-107）。

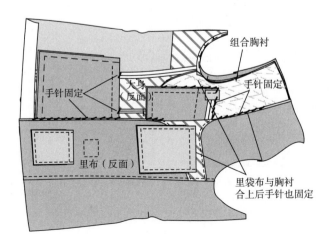

图7-107

⑨修里子：大身正面朝上，摆缝回直，里子底边按大身净缝线放1cm，袖窿、肩缝按毛缝放0.5cm，其余按大身毛缝，将多余里子修去（图7-108）。

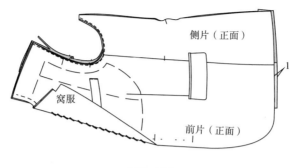

图7-108

（十五）做后背

男西服后背工艺的重点是归拔后背。这是因为男性人体背部肩胛部发达，背部中凹，两肩呈斜形。后背纸样的背缝劈势和肩斜的平面构造还要通过归拔工艺跟人体体形相吻合。

①在相关部位粘衬：左后片衩角按45°角修剪，左后片如图7-109所示剪斜角。

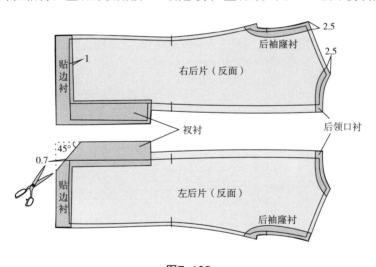

图7-109

②左后片衩角缝合：按左后衣片贴边和背缝下摆处的线钉将衣片的贴边和衩边折向反面，用0.7cm缝份缉缝衩角缺角，并分烫缝份（图7-110）。

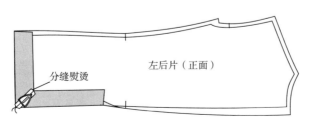

图7-110

③左后片衩角翻正：将左后片下摆贴边和衩片翻回正面，并熨烫整理（图7-111）。

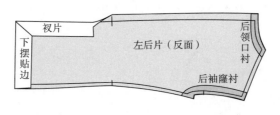

图7-111

④缝合背缝：先用绷缝线将背缝钉牢，在背衩以上7cm处稍收紧钉绷缝线，为了防止背衩豁开，然后按绷缝线缝合至开衩点（图7-112）。

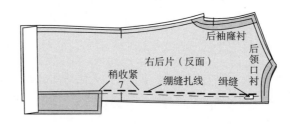

图7-112

⑤后衣身归拔、敷牵带：左右两片一起归拔，归拢后袖窿，拔开后腰节，归拢臀部，归拢后背部。归拔后在后袖窿敷牵带（图7-113）。

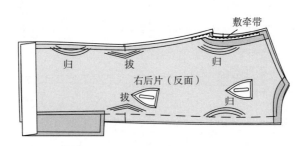

图7-113

⑥分烫背缝：在背衩点将右后片缝份打剪口，分烫背缝（图7-114）。

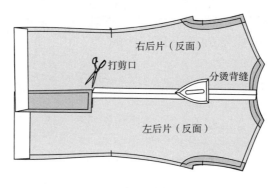

图7-114

⑦缝合夹里背缝：按1cm缝份缝合夹里背缝，与净样线相距1.5cm为背缝活褶，便于放后背里的活动舒适量（图7-115）。

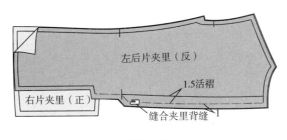

图7-115

⑧夹里背缝烫折：将夹里背缝上段烫折出1.5cm为背缝活褶量，下段烫折出0.2cm的活褶量（图7-116），烫折后翻至正面的效果如图7-117所示。

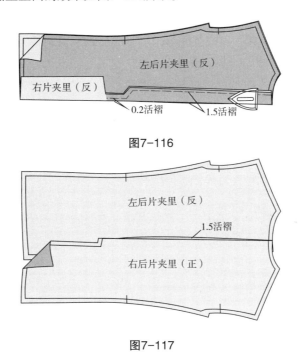

图7-116

图7-117

⑨右衣片衩与衩夹里缝合：将右衣片衩做缝放平，面对面与衩夹里相对绱缝直至大身折边处并回针。贴边部分面对面按1cm缝份绱缝10cm长（此时面布长于里布）（图7-118）。

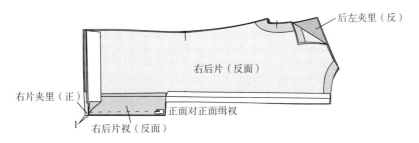

图7-118

⑩右衣片衩翻正：将右衣片衩翻正烫平，直衩方向里布比面布偏进0.5cm，贴边部分里布有1cm座量，并比面料底边短2cm（图7-119）。

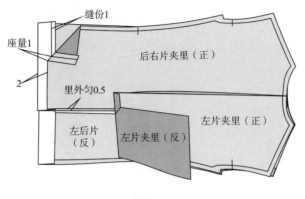

图7-119

⑪封衩上口：以衩上口为界将左片夹里面和衣片正面对合折倒，在左衣片衩口处剪刀口使左衣片的衩上口缝能与夹里衩口缝一起缝合（图7-120）。

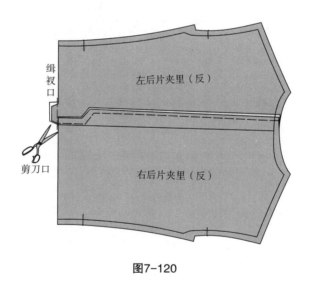

图7-120

⑫左片衩口缝合：将衣片向正面折叠，左衣片夹里正面与衣片衩正面相对缉缝（图7-121）。

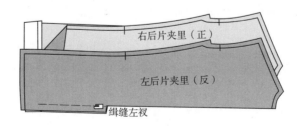

图7-121

⑬缉缝左衩贴边部分，面对面按1cm缝份缉缝10cm长（此时面布长于里布）。将左衣片衩

翻正烫平（图7-122）。

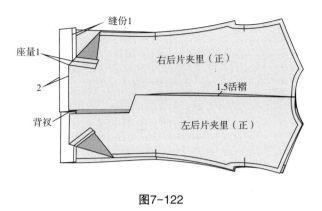

图7-122

（十六）缉侧缝、缝下摆

①按对位记号将面布前后衣身侧缝缉缝，分缝熨烫（图7-123）。

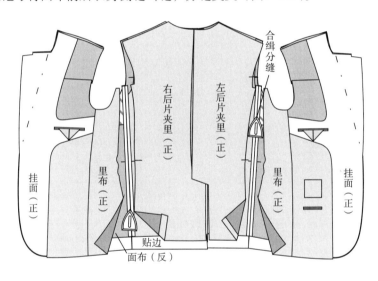

图7-123

②按对位记号将里布前后衣身侧缝缉缝，将衣身下摆贴边与夹里缝合，再将缝份用手针扦缝线在大身反面上固定，注意扦缝线在大身上的挑纱在正面要看不到。

③将衣身夹里翻向正面，按图中尺寸将面里布钉扎起来，以便下一步操作时不错位（图7-124）。

（十七）做肩缝、装垫肩

①缝合肩缝：后衣片在下、前衣片在上，将后肩线缩缝吃进与前肩线缝合，分缝熨烫（图7-125）。

②胸衬与肩缝缝份固定：先将肩缝翻至正面，捋服平整后将胸衬与后肩缝绷缝固定，再翻至反面将定位好的胸衬用线固定至后肩缝份上（图7-126）。

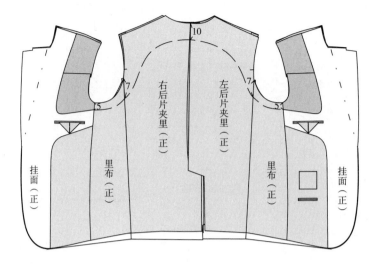

图7-124

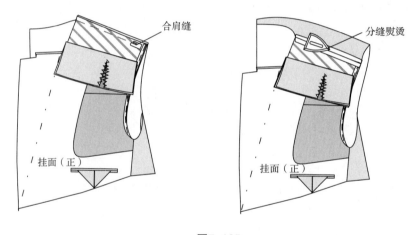

图7-125

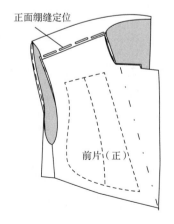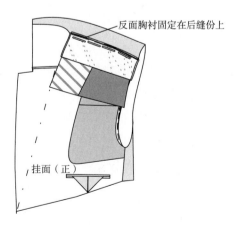

图7-126

③垫肩定位：垫肩前后分配比例为前肩40%，后肩60%，肩缝处伸出量为1cm，在衣身正面用扦缝将垫肩固定。

④垫肩固定：将垫肩的边缘用三角针缝在胸衬上（图7-127）。

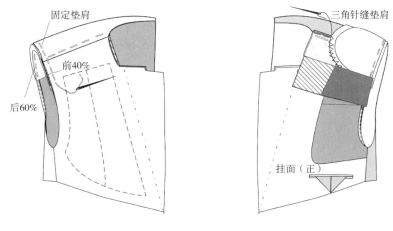

图7-127

⑤缝合前后夹里的肩缝：将前后夹里的肩缝从反面拉出面对面缝合。

（十八）做领、装领

1. 做领

①配领里：领里材料用易于定型的领底呢专用材料制作。领里外口线在净样线上剪去0.3cm，装领线留1cm缝份，在翻折线上绲线以便收缩熨烫（图7-128）。

②绲牵带：剪一条长约22cm、宽约1.2cm的里布斜丝牵带，绲缝在领里反面翻折线下0.3cm处，后领处略拉紧，使之更贴合于人体（图7-129）。

③烫折领里：沿领里翻折线烫折领里（图7-130）。

④做领面：在领面反面用工艺样板画出净缝线，将上下领面缝合，分缝烫缝份绲边线并修剪，并将领外口线烫折做缝（图7-131）。

⑤把领里盖在领面缝份上，对齐净缝线，并画上对位记号。将领里外口边盖在领面净缝上按对位记号搭绲缝（图7-132）。

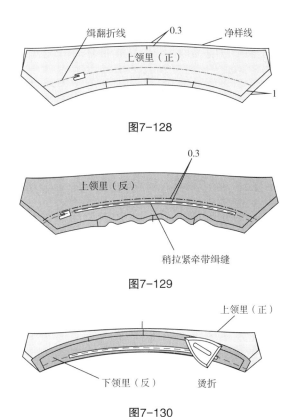

图7-128

图7-129

图7-130

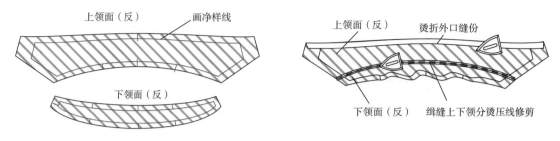

图7-131

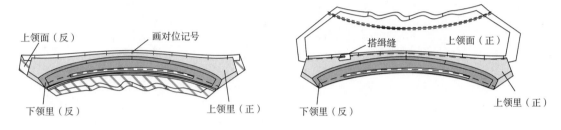

图7-132

⑥领里与领面外口边烫折，领面比领里层多留0.2cm层势量，用手针将领里和领面绷线固定，便于下一步装领（图7-133）。

2. 装领

①缝串口线：将领面串口线与领口串口线缝合，中间暂不缝合（图7-134）。

②分烫缝份：将挂面和衣身的串口线转折处打开剪口，修剪缝份、分烫缝份（图7-135）。

③缉缝领面：将领面底领下口固定在领口上缉缝（图7-136）。

④固定领底呢：将领面两端烫折，缝份放至底领下面，然后将领底呢四周用三角针固定（图7-137）。

图7-133

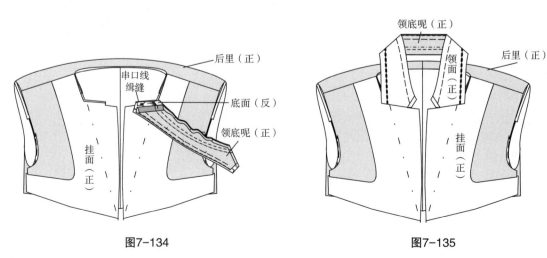

图7-134

图7-135

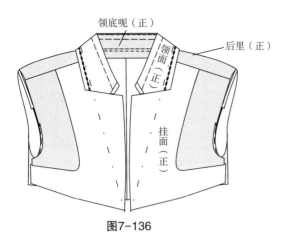

图7-136

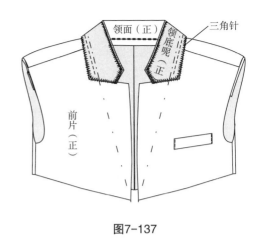

图7-137

（十九）做袖、装袖

1.做袖

①归拔大袖片：粘衬后将衩角按相应角度修剪，将大袖前袖缝3cm以内拔开，以达到弯身袖效果（图7-138）。

②缉缝前袖缝：按对位记号缉缝前袖缝并分缝熨烫（图7-139）。

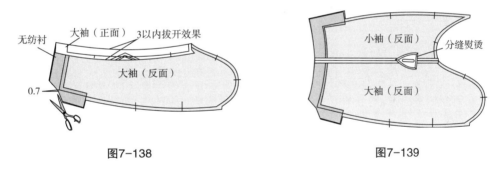

图7-138

图7-139

③缉袖衩：将袖口贴边和大袖衩翻向反面缉缝并分缝熨烫，小袖衩缉0.6cm线（图7-140）。

④烫袖衩：将袖口贴边和袖衩翻向正面熨烫（图7-141）。

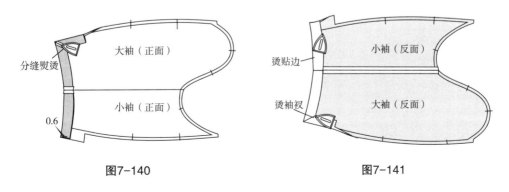

图7-140

图7-141

⑤缉缝后袖缝和袖衩做缝：按对位记号缉缝后袖缝，至袖衩上口时转弯缉缝直至袖衩下

口贴边线以内0.7cm处（图7-142）。

⑥分烫后袖缝：将小袖片袖衩拐角处打剪刀口，然后分烫后袖缝缝份（图7-143）。

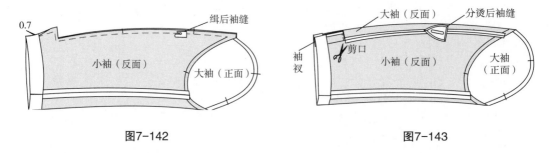

图7-142　　　　　　　　　　图7-143

⑦抽缩袖山：用单线离净缝线0.2cm抽缩两道0.7cm间距的手工线（熟手可用机缝），留足线头调节抽缩量（图7-144）。

⑧做袖里：参考袖面缝制方法缉缝袖里前袖缝、后袖缝，缝份向大袖烫倒，留双眼皮量，抽缩袖山（图7-145）。

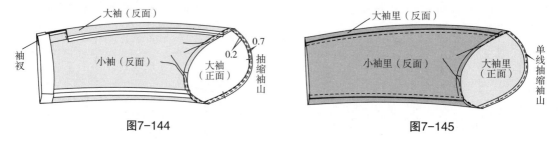

图7-144　　　　　　　　　　图7-145

⑨缝合袖口贴边与袖夹里袖口：将袖夹里反面朝外，把袖夹里套在袖口贴边上，对齐各部位缝合，把袖口贴边缲缝在袖子上，正面不露线迹（图7-146）。

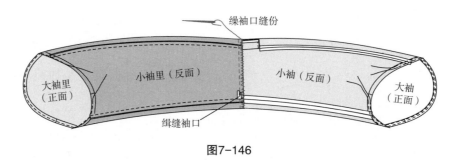

图7-146

⑩翻正袖子：将袖夹里翻向袖子，袖夹里在袖口处留1cm座量（图7-147）。

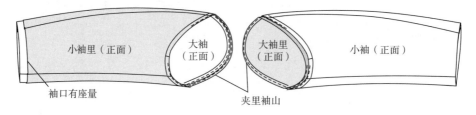

图7-147

2.装袖

流水线作业一般为机械装袖，这里为单件制作是手工装袖。

①假缝绱袖：手工线按吃势量抽缩袖山，均匀无死褶，用手工线从左袖前装袖对位点往后袖假缝，右袖从后对位点向前袖窿假缝，假缝时针距1cm，圆顺无褶痕。观察袖山是否圆顺，袖身贴衣身，向前盖住半个大袋。不合要求，则要调整假缝线（图7-148）。

②缉缝袖山：按手针定线将面布袖山与面布袖窿缉缝在一起（图7-149）。

③装袖条：为了使袖山部分的吃势成型饱满圆顺，在袖山部分缉缝一条长约20cm，宽4~5cm的专用斜丝袖条（图7-150）。

④钩袖窿：将衣身、胸衬、袖子和夹里等几层用手针扎牢固定在一起。先在正面将衣身、胸衬、夹里一起捋平服后，将袖窿线用线扎住；然后将衣身袖窿翻向反面，用倒钩针将几层钩牢在缝份上（图7-151）。

⑤缲缝袖子面、里：将袖子面、里折光缲在衣身上来做袖窿处。

（二十）男西服后整理

（1）整烫作业的目的：西服穿着在人身上要满足服帖、合身，还能够掩盖人身体缺陷的作用，整烫的目的除了除皱外，还有通过归、拔、烫等方式形成服装的曲面效果，所以有"三分做，七分烫"的说法，这里的"烫"，既包括缝制过程中的熨烫，也包括缝制完成后的成衣整烫。

西服企业一般有自动化程度较高的整烫机械来完成整烫作业。单件制作在没有专业化设备的情况下，可使用简易的设施完成西服的整烫平整、曲面定型任务。主要包括烫衣馒头、烫凳、蒸汽熨斗、垫烫布等，在熨烫时要控制好温度、压力、时间、冷却方式等。

（2）整烫作业的顺序：先里后外、先后衣身后前衣身、最后烫领子和袖子。

（3）整烫作业的注意事项：烫衣身时注意烫衣馒头的摆放，才能更好地体现各个部位的曲面效果。烫驳头时驳折点不要烫死，烫袖山时要让袖山饱满圆顺、袖身贴衣身，不要烫出袖缝线的折痕（图7-152）。

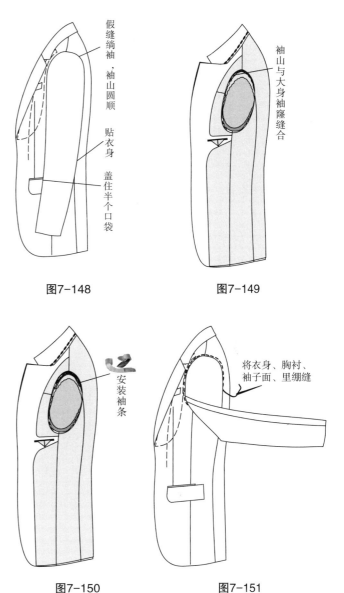

图7-148　　　　　　图7-149

图7-150　　　　　　图7-151

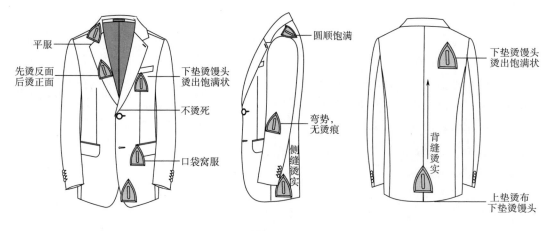

图7-152

（二十一）锁纽、钉扣

按工艺样板定位锁眼钉扣，门襟圆头扣眼大小为纽扣直径加厚度，袖衩纽扣离袖口边3cm，离袖缝1.5cm，扣间距为1.8cm（图7-153）。

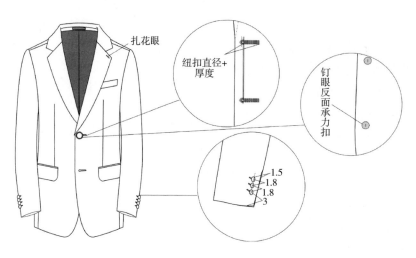

图7-153

第一节　休闲服概述

随着生活节奏的加快和工作压力的增大，人们越发追求一种放松、悠闲的心境，反映在服饰观念上，即是对舒适、自然的休闲服饰纯朴自然风格的喜爱。

一、休闲服饰的风格特征

（1）重视舒适性。

（2）便于运动性，便装、运动服日益受到人们的喜爱。

（3）风格多样化，有青春风格休闲装、典雅型休闲装、运动类休闲装、牛仔类休闲装、针织休闲装等。

二、休闲服饰的结构工艺特征

（1）造型上注重舒适性，突破传统。

（2）结构上要增加运动性能，如袖子的设计应充分考虑手臂的运动性能。

（3）工艺上多应用现代新技术、新设备，呈现时尚化、多样化的特点。

第二节　男式牛仔夹克制板

一、款式特征

本款夹克为较合体短夹克，前片横向育克分割，带袋盖胸袋，纵向双分割线；后片肩背横向育克分割，纵向分割线，平下栏，后侧左右各有一调节襻（耳仔）；整件衣服为双明线工艺，单门襟六粒扣，直翻领，两片分割式长袖；适合采用牛仔面料或粗犷麻棉面料（图8-1）。

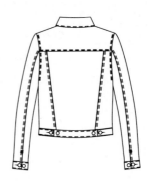

图8-1

二、规格设计（表8-1）

表 8-1

单位：cm

号型	部位	后衣长（L）	胸围（B）	肩宽（S）	袖长（SL）	袖口宽（CW）	领高	摆围
170/92A	净尺寸	—	92	44	60	—	—	—
	成品尺寸	62	108	46	62	12.5	7.5	102

三、制板原理

（1）以男装衬衫原型为基础，将肩省量分为三部分，一部分为后肩缩缝，一部分为后育克省缝（0.7cm），一部分为后袖窿宽松量。

（2）前片下放1cm，前育克放0.5cm省缝量（图8-2）。

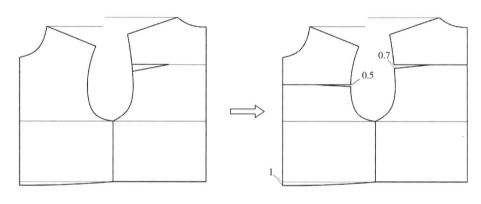

图8-2

四、结构设计

（一）衣身结构设计

制图胸围为$B/2+1$（省损量），在原型领围基础上开大1.5cm，为体现牛仔服男性化风格，将肩缝前移2cm（图8-3）。

（二）衣领结构设计

直线翻折线型翻领作图，如图8-3所示。

（三）分割袖结构设计

①设置袖山和袖子吃势：取前后袖窿深约3/5为袖山高，为使袖子有前摆，袖山顶点向后移1cm，依据面料和袖子特征，可设置袖山吃势量为1cm左右。

②绘制分割袖袖身结构：将袖山顶点至袖窿底点以线连接，并延长至袖口长度线57cm处，将后袖窿分割点对应的后袖山上的点与袖口省画顺，连接为大小袖分割线，注意线条的走向和袖口的直角处理（图8-4）。

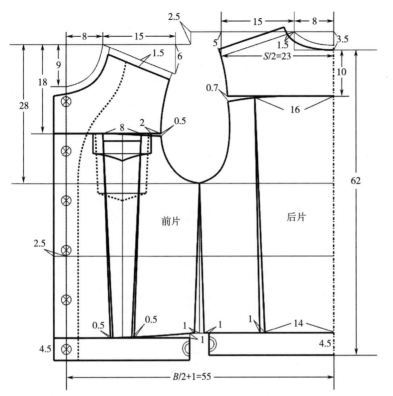

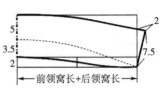

前领窝长+后领窝长

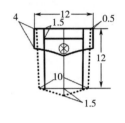

图8-3

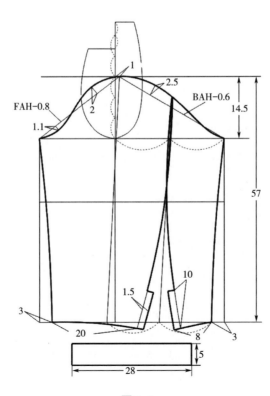

图8-4

第三节 女式棒球服制板

一、款式特征

本款棒球运动服为较宽松直身短装,下摆、袖口、衣领为针织罗纹;三片式插肩袖,门襟装拉链,前片设两斜插口袋(图8-5)。

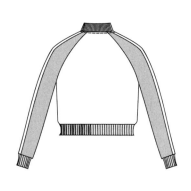

图8-5

二、规格设计（表8-2）

表 8-2 单位:cm

号型	部位	后衣长（L）	胸围（B）	肩宽（S）	袖长（SL）	下摆罗纹高	袖口罗纹高	领围（N）
160/84	净尺寸	—	84	39	58	—	—	38
	成品尺寸	60	108	44	61.5	7	5	开大

三、制板原理

以宽腰女装原型为基础,后片将肩省量一部分作为袖窿宽松量,一部分转移至后领松量;前片胸省一部分作为袖窿松量,一部分为前领口松量,一部分为撇胸量(图8-6)。

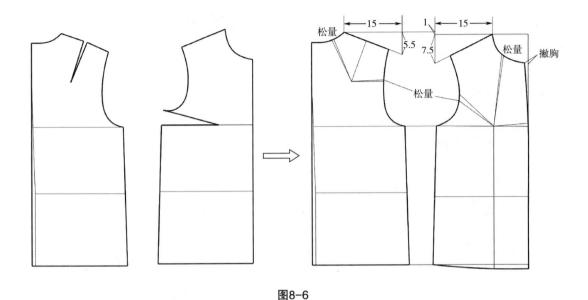

图8-6

四、结构设计

（一）前后片结构设计

1.后片结构设计

以较宽松圆装袖结构为基础作插肩袖结构设计，在基础领窝上后片横开领开大2cm，直开领开大1cm，在圆装袖基础结构上确定后片插肩袖与大身的分割线以及后片插肩袖的倾斜度（图8-7）。

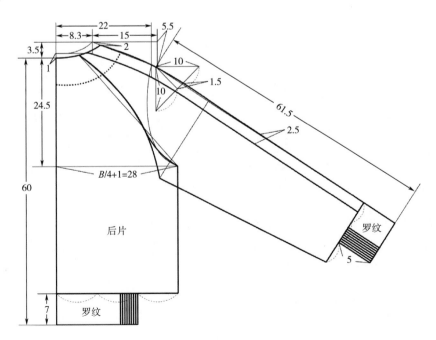

图8-7

2. 前片结构设计

在基础领窝上横开领开大2cm，直开领开大2cm，在圆装袖基础结构上确定前片插肩袖与大身的分割线，前片插肩袖的倾斜度比后片大（图8-8）。

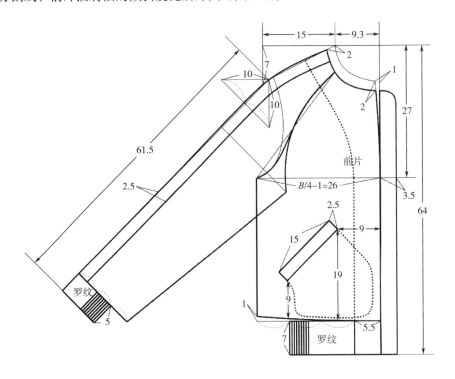

图8-8

（二）袖子结构设计

面袖为三片式拼接，里袖为二片式拼接（图8-9）。

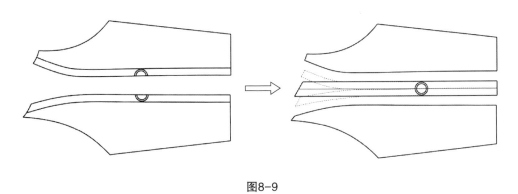

图8-9

（三）罗纹结构设计

依据罗纹面料的特性，下摆、袖口、衣领做缩短处理，长度可试样后最终确定（图8-10）。

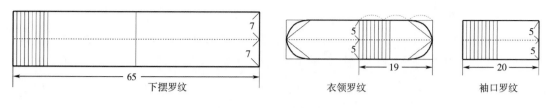

图8-10

五、纸样制作

（一）面布纸样

面布纸样未标注缝份为1cm（图8-11）。

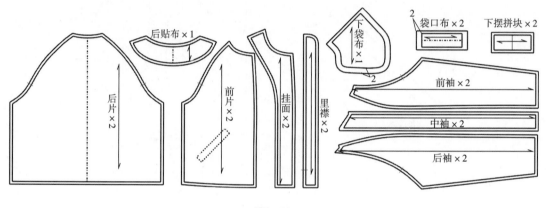

图8-11

（二）里布纸样

里布纸样未标注缝份为1.3cm（图8-12）。

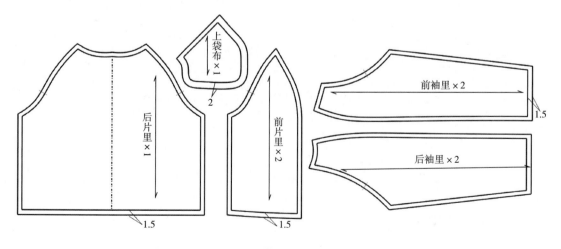

图8-12

第四节　棒球服排料、裁剪与缝制工艺

一、材料准备

本款棒球服由多种面料拼接而成，在裁剪时不同面料需分开裁剪。

（1）面料A布：可为机织面料、针织面料，依据排料计算用量。

（2）面料B布：可为机织面料、针织面料，依据排料计算用量。

（3）里布：依据排料计算用量。

（4）罗纹：可横机织造定制条纹式样，然后根据罗纹面料的弹性设计纸样尺寸进行裁剪。

（5）衬料：挂面、门襟、袋口等部位需粘衬。

（6）拉链：门襟拉链长54cm。

（7）标：主标1个、洗水标1个、尺码标1个。

（8）缝纫线：与面料同色。

二、样板排列

1. 面料 A 布按布幅 150cm 排料（图 8-13）

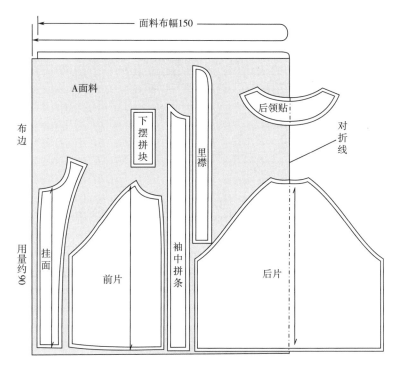

图8-13

2. 面料 B 布按布幅 150cm 排料（图 8-14）

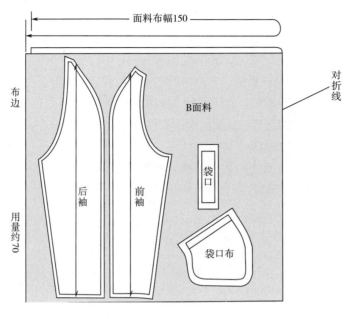

图8-14

3. 里布按布幅 150cm 排料（图 8-15）

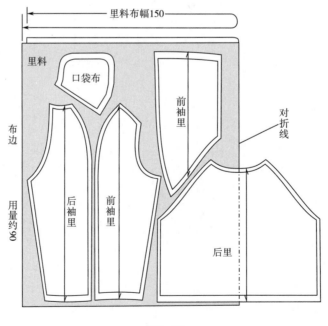

图8-15

三、缝制工艺

棒球服的缝制工艺与服装缝纫设备和工艺流程设计有关，本款棒球服缝制工艺采用普通平缝机设备单件缝制，而非工业流水线工艺流程。

（一）烫衬、打线钉

按照所配衬料用熨斗或黏合机进行贴烫（图8-16）。

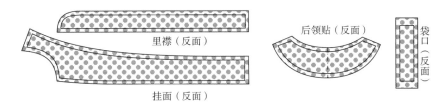

图8-16

（二）开前袋

①做袋口：将烫衬后的袋口布对折烫好。

②定袋位：在按工艺样板上将前袋布用高温消失笔或其他方法画好袋口线，在反面烫衬，衬布比袋口线四边超出2.5cm（图8-17）。

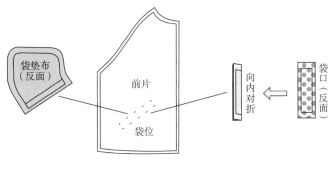

图8-17

③缉袋口和袋垫布：将烫折的袋口布反面和下袋布（此处袋垫布与下袋布共用）按袋位线缉缝。

④剪开袋口：翻至前衣片反面，将袋口按Y字形剪开（图8-18）。

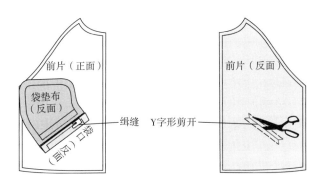

图8-18

⑤翻袋口：在前衣片正面将袋口布和袋垫布从剪开线翻至衣片反面，前衣片正面和反面的状态如图8-19所示。

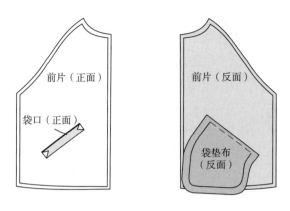

图8-19

⑥封袋口三角：将袋口三角翻至衣片反面，缉线固定。

⑦袋口缉线：翻开底下的袋垫布在线段①的位置缉压0.1cm明线，不要压到袋垫布上，再摆好袋垫布，在线段②的位置缉压0.1cm明线（图8-20）。

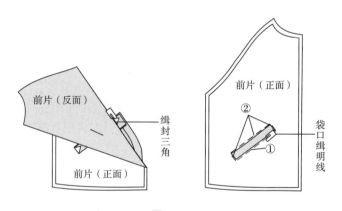

图8-20

⑧接袋布：在前衣片反面翻开袋垫布将袋布接在袋口布上（图8-21）。

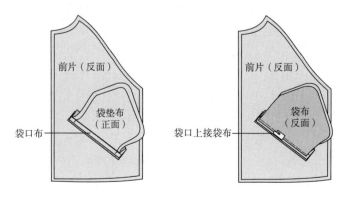

图8-21

⑨兜缉袋布：将袋垫布翻下与袋布一起对合，修剪后兜缉口袋（图8-22）。

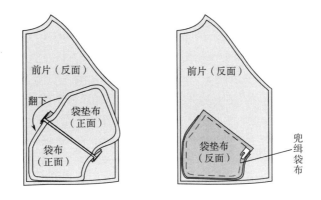

图8-22

（三）做袖

①拼合袖面：做对位记号后将三片袖片、两种布对应缝合（图8-23）。

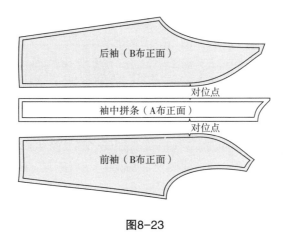

图8-23

②前袖与袖中拼缝：将前袖与袖中拼条布面对面拼缝后，缝份倒向袖中拼条，袖中拼条缉缝0.5cm明线（图8-24）。

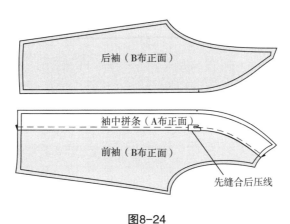

图8-24

③后袖与袖中拼条拼缝：将后袖与袖中拼条布面对面拼缝后，缝份倒向袖中拼条，袖中拼条缉缝0.5cm明线（图8-25）。

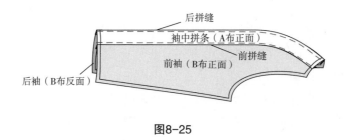

图8-25

（四）绷袖、埋夹

①绷袖：前衣片袖窿与前袖片袖窿面对面缝合，后衣片袖窿与后袖片袖窿面对面缝合，翻至正面在袖子侧辑明线（图8-26）。

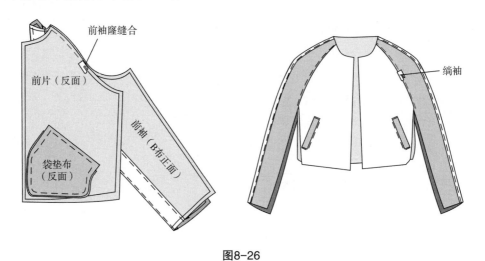

图8-26

②埋夹：面对面合缉侧缝和袖底缝（图8-27）。

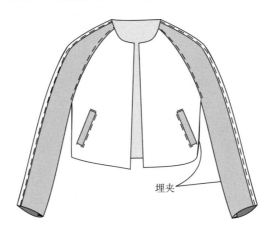

图8-27

（五）做里布

①将后袖与后片里布和后袖里布缝合（图8-28）。

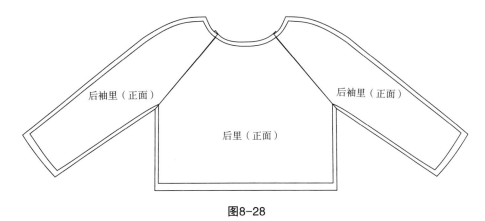

图8-28

②将后领贴按对位点缉缝在后片里布上（图8-29）。

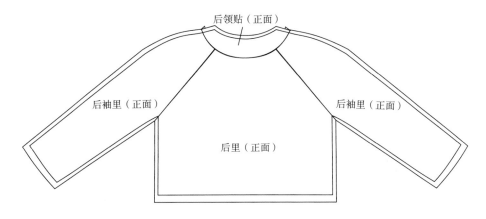

图8-29

③将前袖与前片里布和前袖里布缝合（图8-30）。

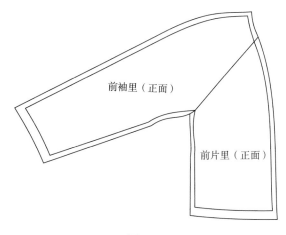

图8-30

④前、后袖里布中缝缝缝、埋夹，在袖底缝留一段15cm左右不缝口，作为翻衫口（图8-31）。

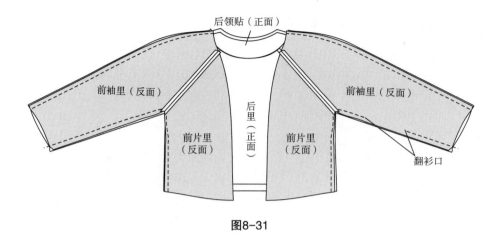

图8-31

（六）装拉链

①做里襟：里襟烫衬后面对面缝合，修剪缝份再翻转熨烫好备用（图8-32）。

图8-32

②缝合下摆拼块：将下摆拼块对折后分别缝合在前片和挂面上（图8-33）。

③做拉链对位标记：绱拉链后要保证前襟平服，做标记时将前止口吃缝量设置为1cm，在拉链和左右片前中心处对应做对位记号（图8-34）。

④绱拉链：将拉链左片按对位记号面对面缝制在左前片中心止口上（图8-35）。

⑤检查绱拉链效果：将拉链拉上后，检查前片左右各对位点是否对位良好（图8-36）。

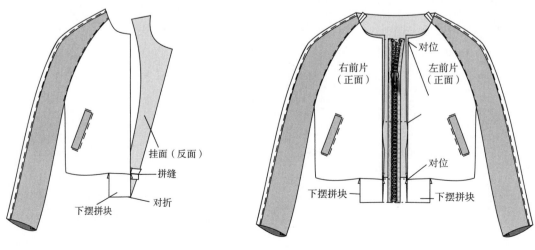

图8-33   **图8-34**

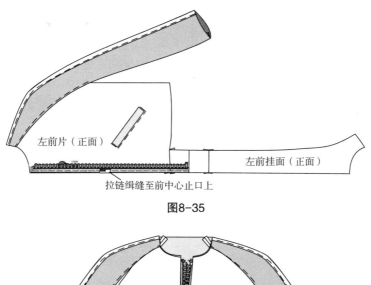

拉链绲缝至前中心止口上

图8-35

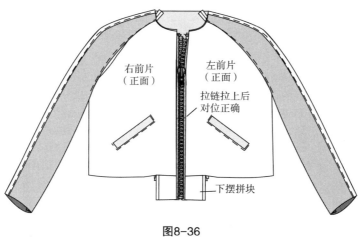

图8-36

⑥覆左挂面：将绱好拉链的左前片与左挂面按对位点面对面缝合前止口（图8-37）。

⑦覆右挂面：将绱好拉链的右前片与里襟、右挂面按对位点缝合（图8-38）。

⑧翻转衣身：将衣身翻至正面（图8-39）。

⑨套里：将里布与挂面缝合（图8-40）。

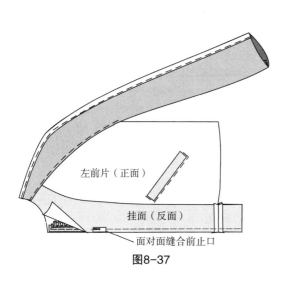

面对面缝合前止口

图8-37

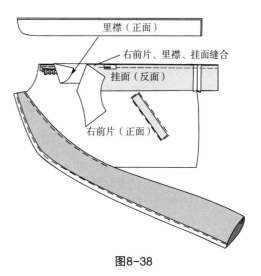

图8-38

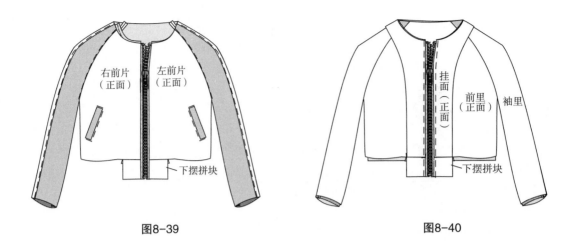

图8-39　　　　　　　　　　　　　　图8-40

（七）装罗纹

①罗纹领面朝外对折缝合，翻衫之前将双层罗纹领缝合在领口面布上，再与领口里布缝合，如图8-41所示是翻至正面的效果。

②将袖口罗纹缝合成筒状，再面朝外对折缝合，翻衫之前，将双层罗纹领缝合在袖口面布上，再与袖口里布缝合。

③翻衫之前，下摆罗纹与下摆拼块缝合，面朝外对折缝合到下摆面布上，再与下摆里布缝合，这是翻至正面的效果（图8-42）。

④从袖底翻衫口处将全件翻至正面，自下摆处开始缉缝门襟明线、领口缉明线（图8-43）。

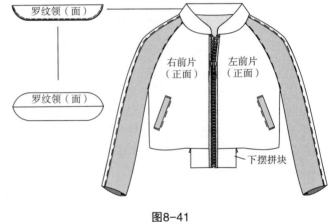

图8-41

图8-42

图8-43

第一节　大衣、冬装概述

一、大衣、冬装的分类

大衣是穿在身体最外面的衣服，18世纪欧洲出现男式大衣。女式大衣源自男式大衣，有防风、御寒功效，造型灵活多变，美观实用。

大衣一般按长度、面料、用途和廓型等进行分类。

冬装注重御寒功效，内有保暖填充材料，常见有棉服、羽绒服等。

（1）按衣身长度分类有：

①长大衣：长度在膝盖以下（$L=0.6h+9cm$以上）。

②中大衣：长度在大腿中部左右（$L=0.5h+10cm$左右）。

③短大衣：长度在裆部左右（$L=0.4h+6cm$左右）。

（2）按面料构成分类:有厚呢料、薄呢料、皮毛、棉布、羽绒等材料的大衣。

（3）按用途分类：有礼仪活动大衣、防寒大衣、防风雨大衣等。

（4）按造型轮廓分类：女式大衣主要有箱形（H形）、收腰扩摆形（X形），茧形（O形），斗蓬形（A形）四种；男式大衣多为T形和H形。

（5）按宽松程度分类：较合体大衣、较宽松大衣、宽松大衣。

二、大衣规格设计

（一）男大衣规格设计

（1）衣长：170/92 A号型的长大衣，后衣长在110cm以上，中大衣在100cm左右。

（2）袖长：袖长较长，一般从肩袖点依袖弯线量至手虎口位置。

（3）胸围：合体大衣松量在15~25cm、宽松大衣松量在30cm以上。

（4）袖窿深：比西服深2~3cm以上，具体视款式而定。

（5）肩宽：比西服大1~2cm以上，具体视款式而定。

（二）女大衣规格设计

（1）衣长：160/84A号型的长大衣，后衣长在110cm以上，中大衣在90cm左右。

（2）袖长：袖长较长，从肩袖点依袖弯线量至手虎口位置。

（3）胸围：合体大衣松量在10~20cm，宽松大衣松量在20cm以上。

（4）袖窿深：比西服深2~3cm以上，具体视款式而定。

（5）肩宽：比西服大1~2cm以上，具体视款式而定。

第二节　男大衣制板

一、平驳领单排扣长大衣制板

（一）款式特征

本款男大衣为较贴体风格衣身，前片有两斜插大袋，前片左手巾袋一个，单排三粒扣，平驳领，弯身两片袖（图9-1）。

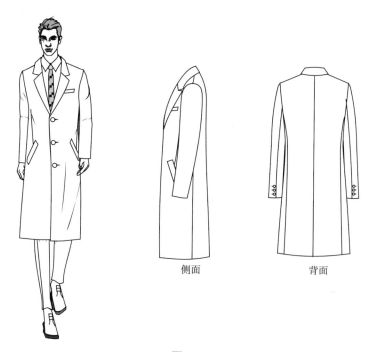

侧面　　　　　　背面

图9-1

（二）规格设计（表9-1）

表 9-1

单位：cm

号型	部位	后衣长（L）	胸围（B）	肩宽（S）	袖长（SL）	袖口宽（CW）	背长	袖窿深
170/92A	净尺寸	—	92	44	60	—	42.5	—
	成品尺寸	110	112	46	62	16	43	29

（三）制板原理

①以男西装原型为基础，后片浮余量一部分在后肩缩缝，一部分转型背缝，一部分为后袖窿宽松量。

②前片浮余量做撇胸处理（图9-2）。

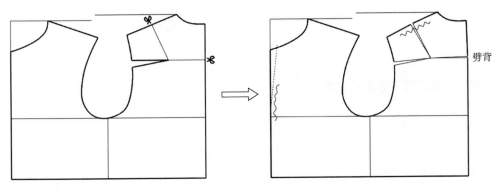

图9-2

（四）结构设计（图9-3）

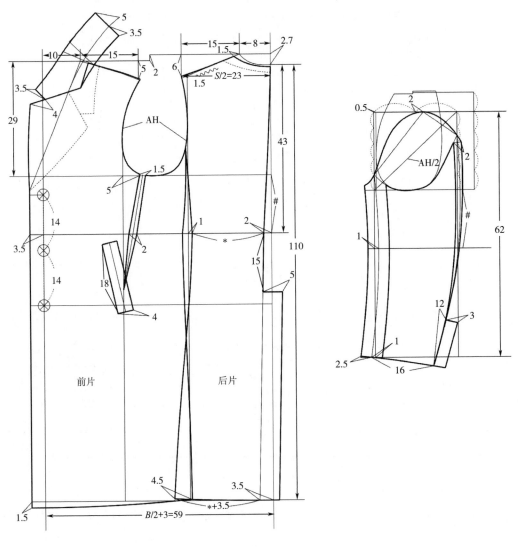

图9-3

1.大身结构设计

①胸围：按 $B/2+2cm$（省损量）+ 0.7~1cm（布厚增量）作图。

②前后横开领：在原型领窝基础上开大1.5cm或2cm。

③袖窿：大衣的袖窿深比西服类服装深2cm左右，取29cm。

2.二片袖子结构设计

袖山高取前后平均袖窿深的4/5左右，袖山斜线为前后袖窿弧长/2，袖山顶点后偏2cm，袖口大小为16cm，画顺袖身结构。

3.平驳领结构设计

平驳领结构设计与男西服类似。

二、宽松男大衣制板

（一）款式特征

本款男大衣为宽松中长休闲大衣，两斜插大袋，单排五粒扣，翻领（图9-4）。

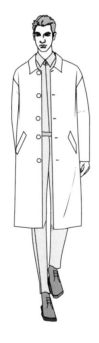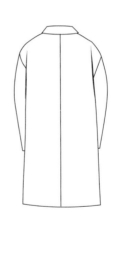

图9-4

（二）规格设计（表9-2）

表9-2 单位：cm

号型	部位	后衣长（L）	胸围（B）	肩宽（S）	袖长（SL）	袖口宽（CW）
175/92A	净尺寸	—	92	44	60	—
	成品尺寸	100	136	62	55	19

（三）制板原理

①以男衬衫原型为基础，后片浮余量转化为三部分，一部分在后肩缩缝，一部分转为后袖窿宽松量，一部分转为劈背量。

②前片浮余量做下放1cm处理（图9-5）。

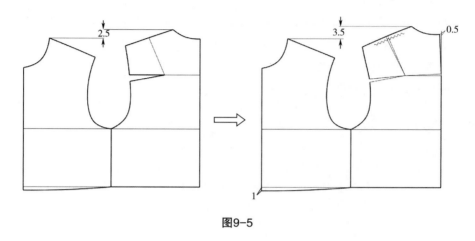

图9-5

（四）结构设计

①后片结构设计：后胸围B/4+3=37cm，后上平线较前上平线抬高3.5cm，后袖落肩为10∶1（图9-6）。

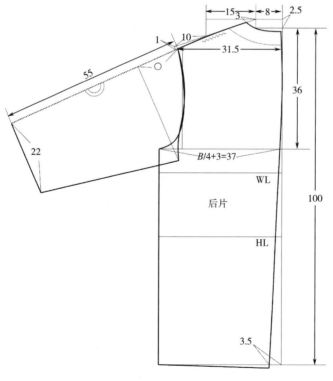

图9-6

②前片结构设计：按前胸围$B/4-3=31$cm，前袖落肩$10:3$，衣领结构参考翻领作图（图9-7）。

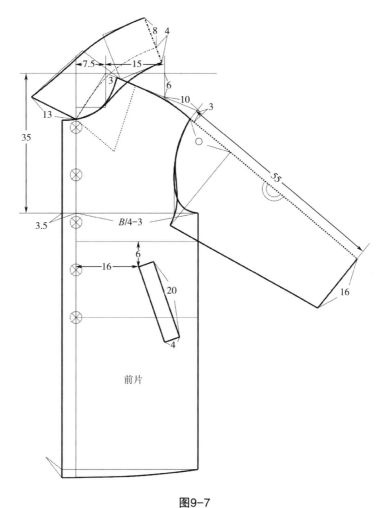

图9-7

③袖结构设计：拼合落肩袖并调整造型（图9-8）。

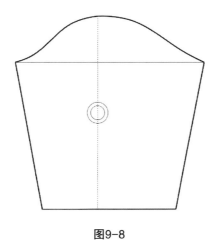

图9-8

第三节　女大衣制板

一、经典双排扣合体风衣制板

（一）款式特征

本款女大衣为修身窄肩纵向分割衣身，合体风格，双排扣门襟，前后有挡雨片，有腰带，带驳头翻立领，两片袖（图9-9）。

图9-9

（二）规格设计（表9-3）

表9-3　　　　　　　　　　　　　　　　　　　单位：cm

号型	部位	后衣长（L）	胸围（B）	肩宽（S）	腰围（W）	袖长（SL）	袖口宽（CW）	摆围
160/84A	净尺寸	—	84	38	68	58	—	—
	成品尺寸	92	98	39	84.5	60	12.5	120

（三）原型应用

肩省和后腰省连通在后背分割线中，胸省部分转入前领口松量，胸省和前腰省连通在前衣片分割线中（图9-10）。

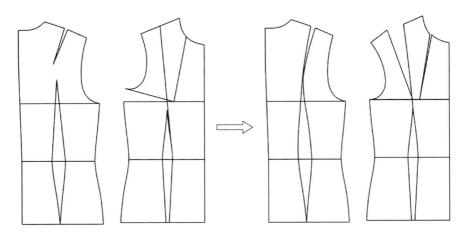

图9-10

（四）结构设计

①制图半胸围$B/2+2cm$（损耗），前后横开领在基础领窝基础上开大1.5cm；胸省在袖窿底取15：3，待设计完成后，转移省道至前肩分割线中（图9-11）。

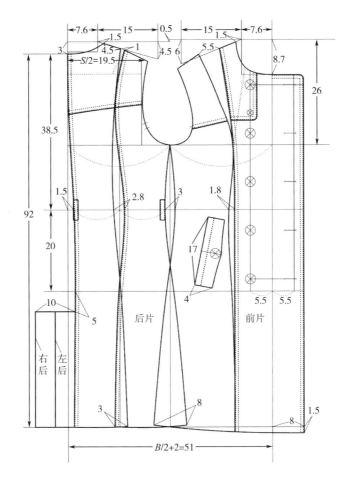

图9-11

②衣领结构设计如图9-12所示。

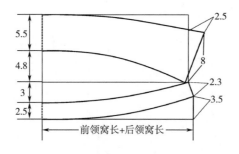

前领窝长+后领窝长

图9-12

③腰带和两片袖结构设计如图9-13所示。

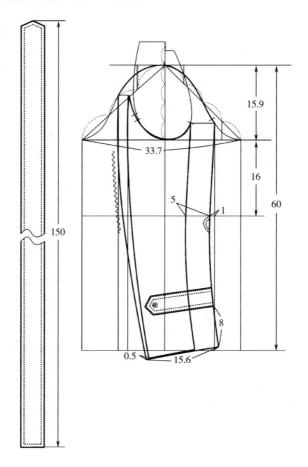

图9-13

二、落肩袖带帽宽松女大衣制板

（一）款式特征

本款女大衣为宽松带风帽大衣，下摆放大呈A字形，一片式落肩袖（图9-14）。

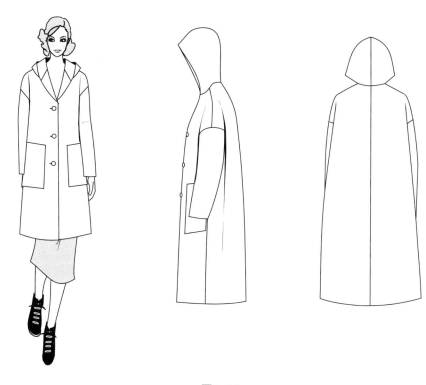

图9-14

（二）规格设计（表9-4）

表 9-4　　　　　　　　　　　　　　　　　　　　　单位：cm

号型	部位	后衣长 （L）	胸围 （B）	肩宽 （S）	袖长 （SL）	袖口宽 （CW）	帽高
165/84A	净尺寸	—	84	38	57	—	—
	成品	110	136	66	50	16	46

（三）原型应用

①以宽腰箱形原型为基础，肩胛省分解为三部分，转移至后中缝0.3cm，一部分作为缩缝，其余为袖窿松量。

②前胸省分解为四部分，前中0.5cm，前领松量0.5cm，肩缝留置1cm待与挂面一起处理，其余为袖窿松量（图9-15）。

（四）结构设计

①前胸围B/4-2=32cm，后胸围B/4+2=36cm，落肩袖袖窿深40cm，后袖落肩10∶1，前袖落肩10∶3，胸省15∶3待处理。

②后片与后袖作图，在后落肩延长线上作落肩袖，袖中线上抬2cm，袖窿弧线与袖山弧线等长，在袖山顶部保持重合（图9-16）。

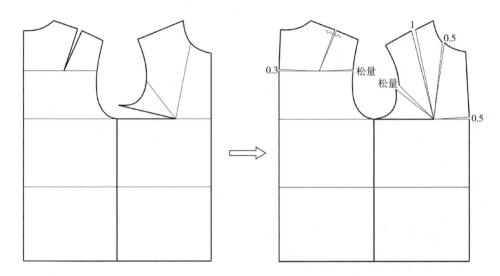

图9-15

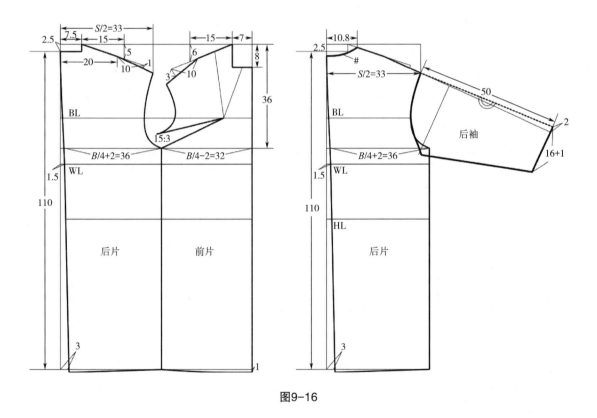

图9-16

③前片胸省做转移分散处理，前袖在前肩延长线上做落肩袖，袖窿弧线与袖山弧线等长，在袖山顶部保持重合（图9-17）。

④前后落肩袖拼合，在后袖肥中心处设置分割线，切展开约3cm，调整为两片袖结构（图9-18）。

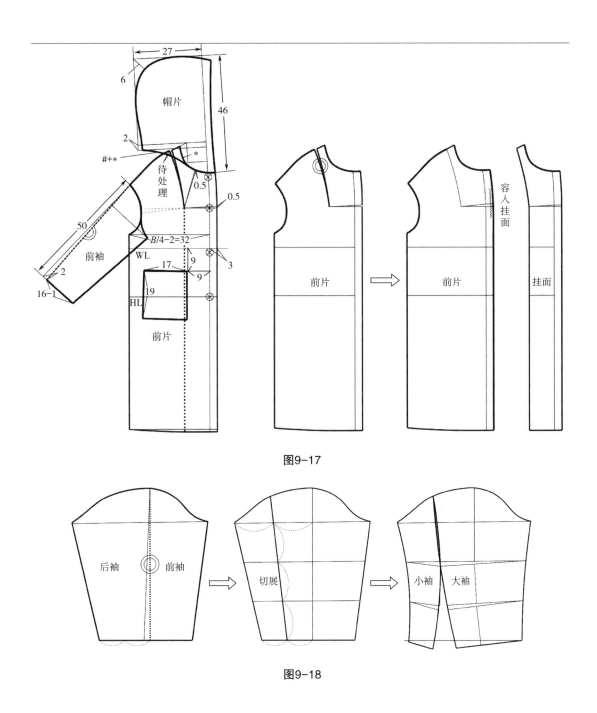

图9-17

图9-18

第四节 羽绒服制板

羽绒服具有防寒性好、轻柔蓬松的特点，其填充物为羽绒。

一、羽绒服板型设计要点

（1）领圈：羽绒服的领深领宽都要加大。

（2）袖窿深：袖窿深适当加深。

（3）拉链：羽绒服基本上都是拉链、明贴边，前中为防止拉链底端起尖，要修去一定量。

（4）领子：立领造型简单。常用女款立领尺寸高8~12cm，长在一般为48cm以上。

（5）袖子：袖长要多加出2cm的缩量，袖口不宜太小，袖身偏直、不宜太弯。

（6）层间配置：羽绒服一般为四层料，面料一层、胆料两层、里料一层。也可做两层的或三层的，但所用面料不能透绒。

（7）羽绒服三种做法：

①面料一层胆料两层，三层缝合在一起，装绒衔缝。

②两层胆料缝合，衔缝，再与面料缝合。

③活里活面，面里缝合，把胆料装中间。

二、女子宽松羽绒服制板

（一）款式特征

本款羽绒服为衣身略呈茧形的宽松羽绒服，落肩袖，立领，两片袖结构（图9-19）。

图9-19

（二）规格设计（表9-5）

表9-5 单位：cm

号型	部位	后衣长（L）	胸围（B）	肩宽（S）	袖长（SL）	袖口宽（CW）	领高	摆围
165/84A	净尺寸	—	84	38	57	—	—	—
	成品尺寸	92	140	60	53	19	10	135

（三）原型应用

①以宽腰箱形原型为基础，后片肩胛省分解为三部分，一部分转移至后领松量，一部分作为肩缩缝，其余转为袖窿松量。

②前胸省分解为四部分，前中撇胸0.5cm，前领放松量0.5cm，下放量1cm，其余为袖窿松量（图9-20）。

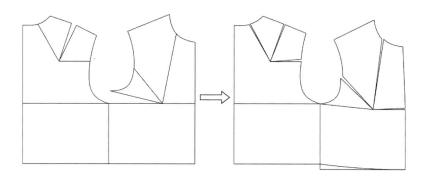

图9-20

（四）结构设计

①前胸围$B/4-3=32$cm，后胸围$B/4+3=38$cm，落肩袖袖窿深35cm（图9-21）。

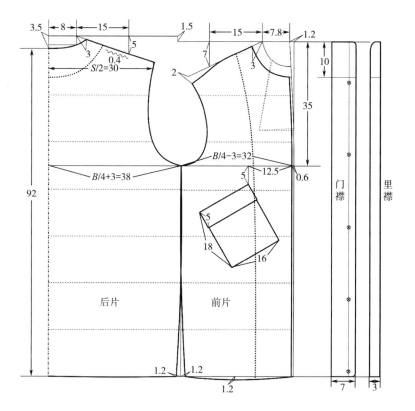

图9-21

②袖子、衣领结构设计如图9-22所示。

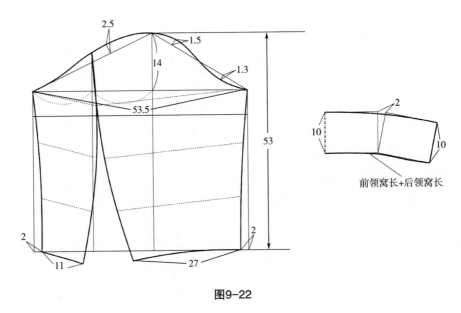

图9-22

第十章 连衣裙、连衣裤制板

第一节　连衣裙、连衣裤概论

连衣裙是指上衣和裙子连成一体式的连裙装。连衣裤是指上衣和裤子连成一体式的连裤装。

一、连衣裙的制板原理

连衣裙是将上衣原型与半身裙原型结合进行制板，腰围剪裁式连衣裙可以上衣部分和裙装部分分开制板，腰围无剪裁式连衣裙将上衣部分和裙装部分连接起来制板（图10-1）。

二、连衣裤的制板原理

连衣裤的结构形式常见为背带裤款式和密封性较强的连衣裤款式。

连衣裤是将上衣原型与裤装原型结合进行制板。由于人体在弯腰、下蹲、手臂上抬时后腰、臀部、体侧表皮的拉伸，在设计连衣裤时与连衣裙不同，连衣裙没有裆部将前后相连，拉伸量在连衣裙下摆处无形中消化了，而连衣裤有裆部将前后相连，故在结构设计时，须加入人体活动机能需要的拉伸量。

背带裤拉伸量是在背带长度上设置调节量，密封性连衣裤在腰部加入人体活动机能需要的拉伸量，通常束橡皮筋处理（图10-2）。

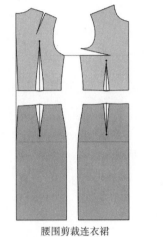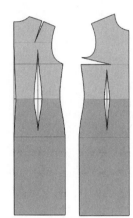

腰围剪裁连衣裙　　　腰围无剪裁连衣裙

图10-1

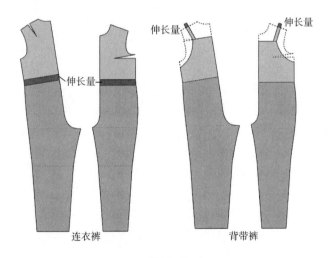

伸长量　　　伸长量

连衣裤　　　背带裤

图10-2

第二节　连衣裙制板

一、宽松吊带连衣裙制板

（一）款式特征

本款吊带连衣裙为较宽松风格，松腰设计，侧缝安隐形拉链（图10-3）。

图10-3

（二）规格设计（表10-1）

表 10-1　　　　　　　　　　　　　　　　　单位：cm

号型	部位	胸围（B）	腰围（W）	臀围（H）	裙长（L）	吊带长
160/84A	净尺寸	84	68	90	—	—
	成品尺寸	92	88	96	100	27

（三）原型应用

肩省量在吊带中消失，胸省转移至吊带工艺归拢量和下放量（图10-4）。

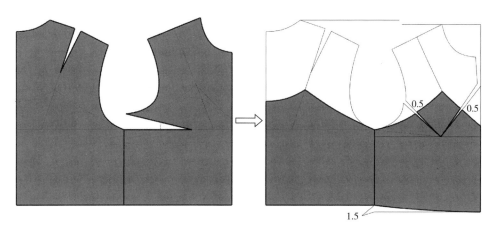

图10-4

（四）结构设计（图10-5）

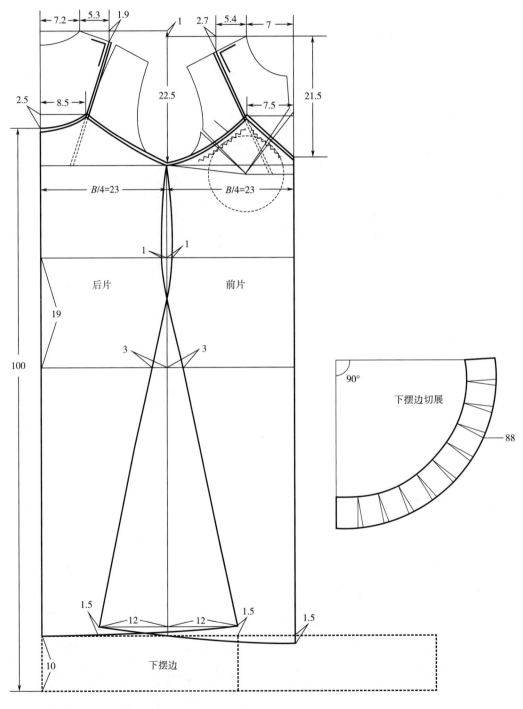

图10-5

二、轻婚纱连衣裙制板

（一）款式特征

轻婚纱为订婚场合穿用的连衣裙，卡腰收胸褶设计，后中装隐形拉链，灯笼袖（图10-6）。

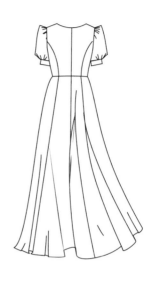

图10-6

（二）规格设计（表10-2）

表 10-2   单位：cm

号型	部位	胸围（B）	腰围（W）	臀围（H）	裙长（L）	肩宽（S）	袖长（SL）
160/84A	净尺寸	84	68	90	—	38	—
	成品尺寸	88	70	98	115	35	20

（三）原型应用

后片肩省做分散处理，前片胸省转移至胸褶中（图10-7）。

（四）结构设计

①先绘制胸省转移前的结构图，在前胸领口设置1cm的暗省待处理，防止胸口起空（图10-8）。

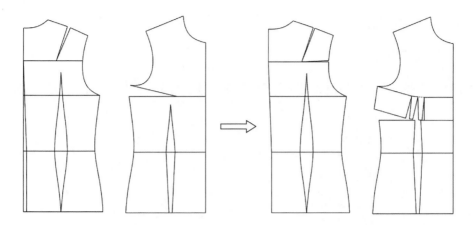

图10-7

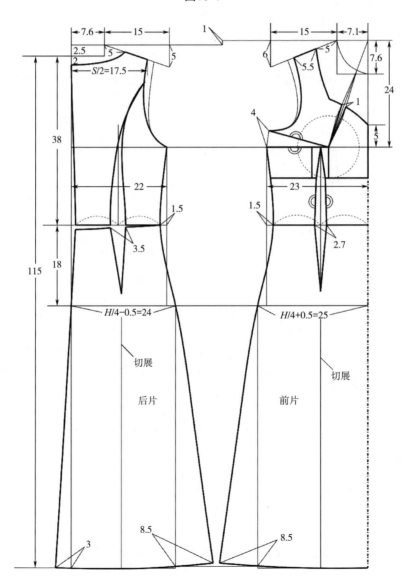

图10-8

②将胸省和前胸领口暗省转移至胸褶中，将裙子前后片按辅助线切展开（图10-9）。

图10-9

③先绘制基本袖子结构，再切展为灯笼袖结构（图10-10）。

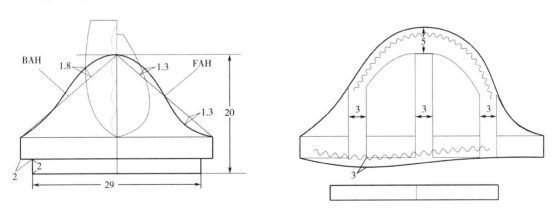

图10-10

第三节　连衣裤制板

一、背带裤制板

（一）款式特征

本款背带裤为较宽松风格背带裤，背带上有调节扣，松腰设计，侧缝安装扣子（图10-11）。

图10-11

（二）规格设计（表10-3）

表 10-3
单位：cm

号型	部位	腰围（W）	臀围（H）	脚口围（SB）	前裆长	后裆长	裤长（L）
160/68	净尺寸	68	90	—	—	—	—
	成品尺寸	90	106	50	30	38	98

（三）结构设计

在设计连衣裤时，有裆部将前后片相连，在肩带中要加入满足人体活动机能所需要的拉伸量（图10-12）。

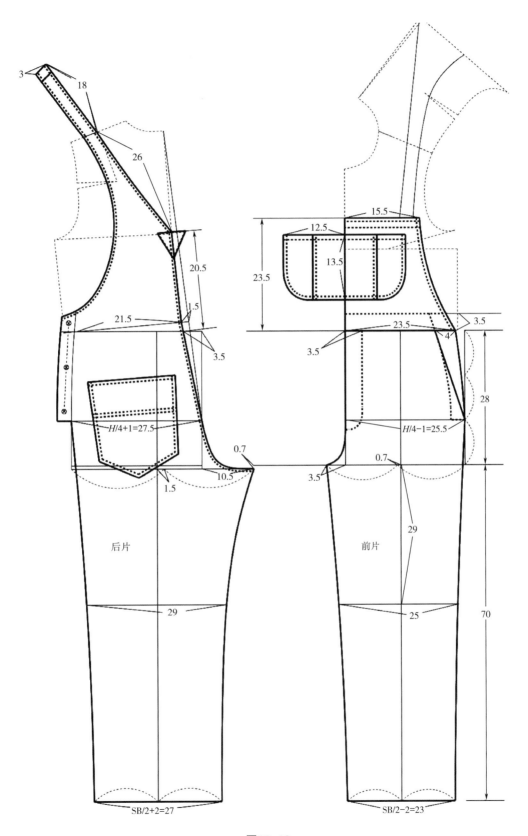

图10-12

二、连体防护服制板

（一）款式特征

本款连体防护服为宽松风格连衣裤，腰部有调节橡皮筋，连袖，连衣帽，无纺布加PE覆膜材料，缝线处采用胶条加热密封，前中装拉链，加门襟遮挡，袖口、脚口束橡皮筋（图10-13）。

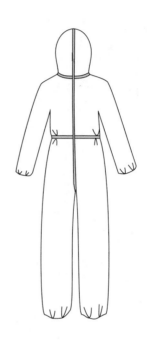

图10-13

（二）规格设计

男女同款，规格设计见表10-4。

表 10-4   单位：cm

号型	部位	胸围（B）	腰围（W）	臀围（H）	肩袖长（SL）	袖口宽（CW）	脚口宽（SB）
170/92	净尺寸	92	76	92	85	—	—
	成品尺寸	130	130	136	90	束成18	束成24

（三）结构设计

在设计连体防护服时，前后片有裆部相连，在腰部加入人体活动机能需要的拉伸量（图10-14）。

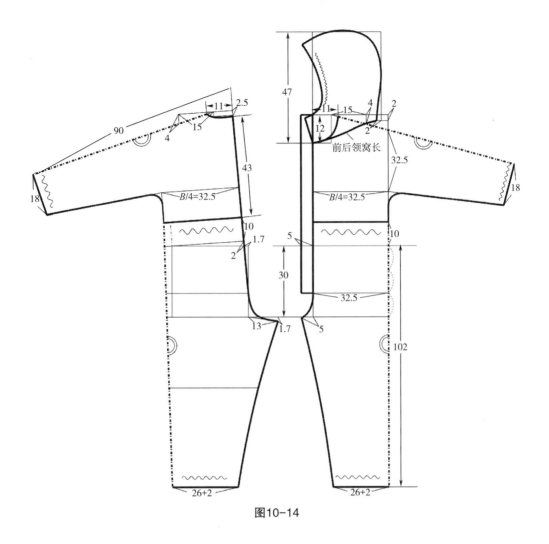

图10-14

（四）纸样制作（图10-15）

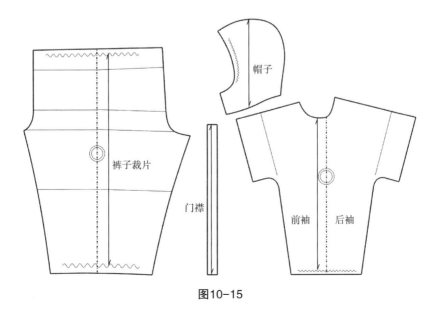

图10-15

第十一章 针织服装制板裁剪与缝制工艺

第一节　针织服装概述

一、针织面料特点

构成机织面料的基本结构为经、纬纱交织物，尺寸比较稳定，而构成针织面料的基本结构为线圈组织，针织物按经纬线圈方向可分为经编针织物和纬编针织物。经编针织物线圈交织比较稳定，面料的拉伸力相对较小，而常见的纬编针织物，线圈在套串的横向上有比较大的拉伸力，弹力大、易脱散。

二、针织服装结构特点

由于针织面料有较大的伸缩性，针织服装结构设计时注重整体形态，不考虑人体细微结构，结构简化、分割线条较少，与机织服装相比，同等宽松度的服装加放的松量较小，较少应用省缝结构。

针织服装缝制工艺特点为多采用锁边、绷缝、绲边、罗纹等进行断面处理。

第二节　针织男装制板

一、针织男装原型

针织男装原型依据针织服装的特点，可以对男装衬衫原型进行演化，将前后肩斜调整为一致，背省可依靠面料的弹性进行消化，同时肩宽、背宽、胸围放松量也可依设计需要改小（图11-1）。

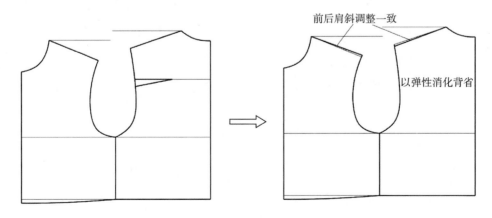

前后肩斜调整一致

以弹性消化背省

图11-1

针织男装原型规格设计，见表11-1。

针织男装原型结构设计，如图11-2所示。

表 11-1 单位：cm

号型	部位	背长（L）	胸围（B）	肩宽（S）	胸高	领围（N）
170/92A	净尺寸	42.5	92	—	—	—
	成品尺寸	42.5	104	41	26	40

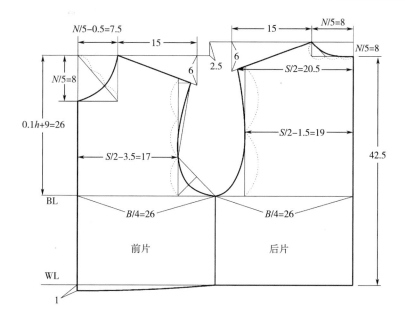

图11-2

二、针织男装扁机领短袖T恤制板

（一）款式特征

本款男T恤为针织面料，衣身构成为"T"形轮廓，门襟单筒设计，衣领为扁机（即针织横机）织造，袖子为圆装一片袖（图11-3）。

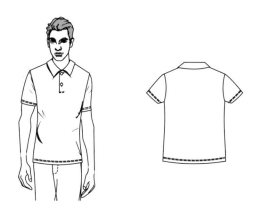

图11-3

（二）规格设计（表11-2）

表 11-2 单位：cm

号型	部位	后衣长（L）	胸围（B）	腰围（W）	肩宽（S）	袖长（SL）	袖口宽（CW）	领围（N）	门襟长
170/92A	净尺寸	—	92	76	43	—	—	40	—
	成品尺寸	72	100	100	43	20	38	40	12

（三）结构设计（图11-4）

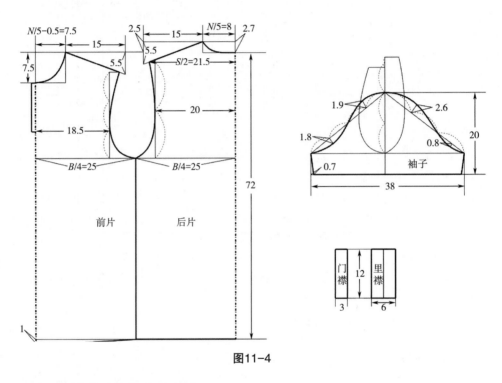

图11-4

三、针织男装圆领宽松卫衣制板

（一）款式特征

本款男装卫衣为针织面料，罗纹圆领宽松运动衫，袖子为圆装一片袖（图11-5）。

图11-5

（二）规格设计（表11-3）

表11-3　　　　　　　　　　　　　　　　单位：cm

号型	部位	后衣长（L）	胸围（B）	腰围（W）	肩宽（S）	袖长（SL）	下摆罗纹高	袖口罗纹高
170/92A	净尺寸	—	92	—	43	—	—	—
	成品尺寸	75	120	120	60	57	5	5

（三）结构设计（图11-6）

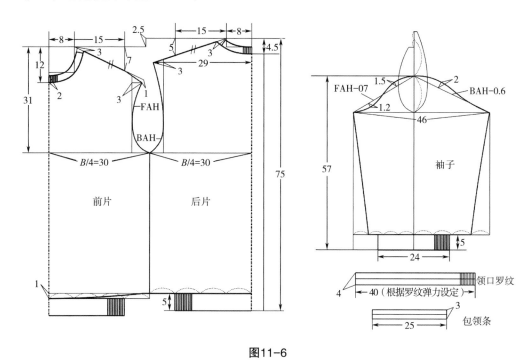

图11-6

第三节　针织女装制板

一、针织女装原型

（一）较贴体无省针织女装原型

1. 规格设计（表11-4）

表11-4　　　　　　　　　　　　　　　　单位：cm

号型	部位	后衣长（L）	胸围（B）	腰围（W）	肩宽（S）	臀围（H）	胸高	领围（N）
160/84A	净尺寸	—	84	68	38	90	24.5	—
	成品尺寸	56	80	72	35	84	24	38

2.结构设计（图11-7）

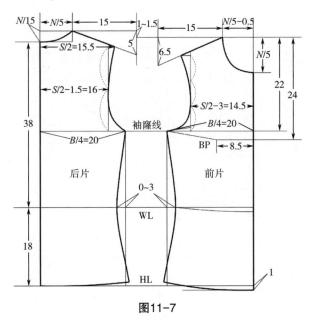

图11-7

（二）有省针织女装原型

1.规格尺寸（表11-5）

表 11-5

单位：cm

号型	部位	后衣长（L）	胸围（B）	腰围（W）	肩宽（S）	臀围（H）	胸高	领围（N）
160/84A	净尺寸	—	84	68	38	90	24.5	—
	成品尺寸	56	80	72	35	84	24	38

2.结构设计（图11-8）

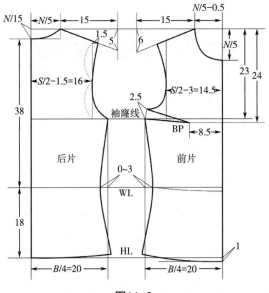

图11-8

二、落肩袖宽松女士带帽卫衣制板

（一）款式特征

本款女士卫衣为宽松衣身，套头带帽，落肩袖（图11-9）。

图11-9

（二）规格设计（表11-6）

表 11-6　　　　　　　　　　　　　　　　　　单位：cm

号型	部位	后衣长（L）	胸围（B）	腰围（W）	肩宽（S）	袖长（SL）
160/84A	—	—	84	68	38	57
	成品尺寸	70	124	124	60	55

（三）结构设计

衣身平衡后平均肩斜为15：6，后片肩斜取15：4，前片肩斜取15：8。

1. **后片结构设计**

后胸围B/4+3cm=34cm，考虑套头的需要，在原型领窝基础上开大3.5cm或以上，落肩袖袖窿深30cm，将肩线长度延长为袖中线，作后片落肩袖（图11-10）。

2. **前片结构设计**

前胸围B/4-3cm=28cm，将肩线长度延长并下落2cm为袖中线，作前片落肩袖，二片帽前领口搭门1.5cm，帽子下口线弧长与领口弧长相等（图11-11）。

3. **袖子结构设计**

以袖片中心线为基准将前后袖进行拼合，并画顺袖山弧线（图11-12）。

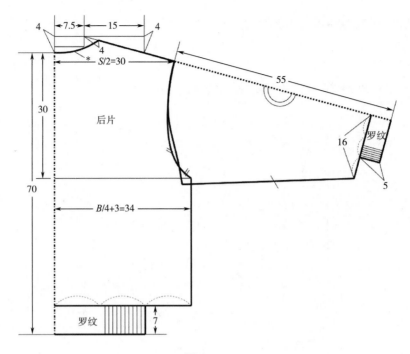

图11-10

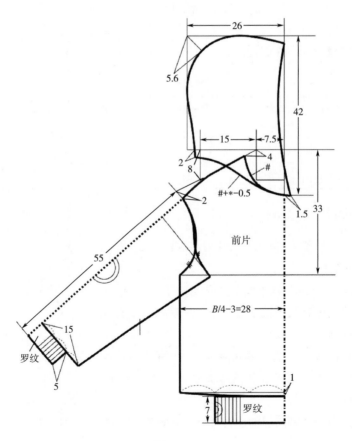

图11-11

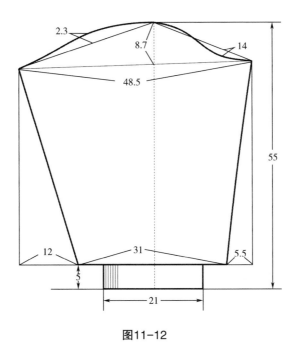

图11-12

三、鲨鱼女裤制板

（一）款式特征

本款女裤为鲨鱼高弹面料紧身针织裤款式，如图11-13所示。

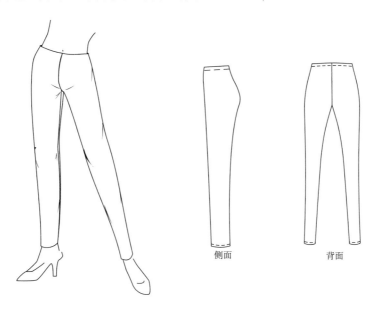

侧面　　　　背面

图11-13

（二）规格设计（表11-7）

表 11-7   单位：cm

号型	部位	裤长 （L）	腰围 （W）	臀围 （H）	大腿围	脚口宽 （SB）	直裆长
160/66A	净尺寸	100	66	88	52	23	27
	成品尺寸	86	64	70	42	21	27

（三）结构设计（图11-14）

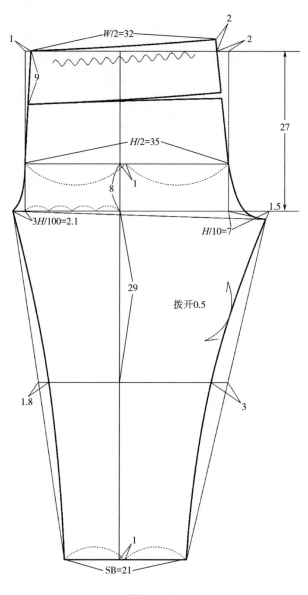

图11-14

第四节 针织服装排料、裁剪与缝制工艺

针织面料为线圈组织，针织服装缝纫设备多采用锁边、绷缝等线圈针迹缝纫机，或用绲边、罗纹等方式进行断面处理，这样能够保持针织服装的弹性特点。

一、针织扁机领短袖T恤排料、裁剪与缝制工艺

（一）单件制作针织T恤材料准备

（1）面料：全棉、混纺等单面针织布或珠地布，针织布厚薄以克重为单位，夏季面料为150g/m²左右，有效布幅145cm时的采购面料数量计划数为衣长+袖长+零料等（15cm）共约150cm。

（2）扁机领：一条。

（3）袖口罗纹：领底呢一块。

（4）无纺黏合衬：开门筒部件约0.5m。

（5）纽扣：门襟纽扣2个。

（6）标：主标1个，洗水标1个，尺码标1个。

（7）缝纫线：与面料同色。

（二）面料的整理与样板排列

（1）面料的缩水处理：由于针织面料的弹性大，大批量裁剪之前要放置布料一段时间，让面料能充分松弛。

（2）样板的检查：针织服装的尺寸稳定性较差，纸样尺寸与针织服装成品会存在一定的差距，要调整纸样的尺寸以满足针织服装成品的要求。

（3）样板的排列：根据面料的不同，排料时会有一些特别的要求。本款在排面料时，按本章第二节中扁机领针织短袖T恤纸样尺寸，布幅150cm，对折后进行排列，参考用量约70cm（图11–15）。

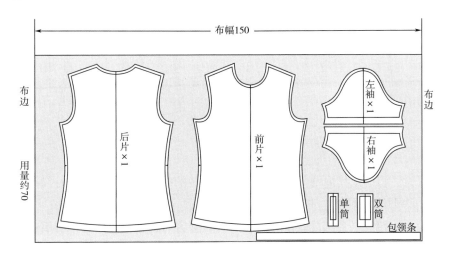

图11–15

（三）衣片的裁剪

将布料铺平，松紧适当，按排列纸样准确裁剪衣片，并做好裁剪记号。

本款短袖T恤为针织面料，衣领为扁机（即针织横机）织造，袖子圆装一片袖，袖口装扁机织造罗纹口。

（四）缝制工艺

1. 粘衬扣烫

针织T恤门筒烫无纺衬，单筒一侧锁边，双筒按门襟宽度扣烫（图11-16）。

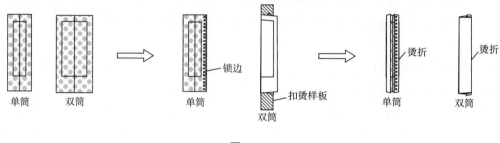

图11-16

2. 开筒、绱领

①采用暗门襟单筒开筒工艺，在前片领窝下画出前中心线和筒深度12cm，女装为右门襟左里襟（男装为左门襟右里襟），在中心线右侧1.25cm处画开口线（图11-17）。

②在画好线的开筒位置将单、双筒分别按间距0.2cm平行绲缝在前片右边和左边，并将绲缝位置的缝份修剪至0.2cm左右（图11-18）。

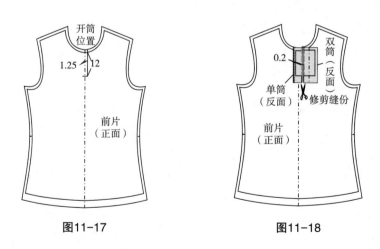

图11-17   图11-18

③剪开筒位：将单双筒向前片反面翻折，按扣烫的净缝线折光，整理好筒底不露毛，缝平服后在筒底兜绲长方形封牢（图11-19）。

④合肩缝：用四线缝合肩缝线，为防止肩缝在穿着时拉伸变形，针织服装在缝合肩缝时加一根固定肩缝的织带。

⑤准备绱领：将筒布的上端翻开，在门襟处做好绱领对位记号，左右领嘴的大小为门襟

宽度的一半，此处为1cm（图11-20）。

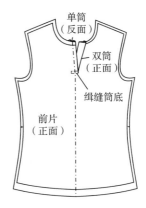

图11-19

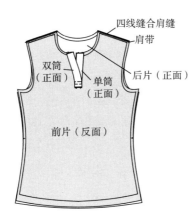

图11-20

⑥绱领：将扁机领反面按对位记号缉缝在领窝正面上，在左右领嘴处将筒布翻折缝合形成闭合的领嘴造型（图11-21）。

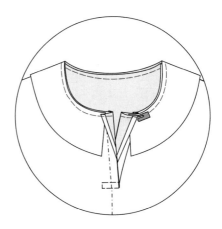

图11-21

⑦翻领角、包领：将左右两领嘴翻正，整理绱领缝份至大身侧、修剪缝份，然后取0.7cm织带绲边线将缝份包缝，并领嘴两端织带伸入筒布里，封口。根据设计需要筒布上也可绲明线固定（图11-22）。

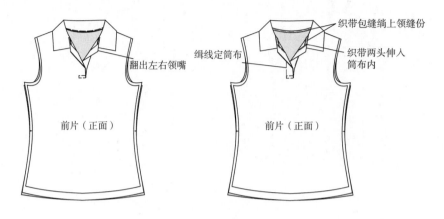

图11-22

⑧绱袖：大身在下、袖子在上，面对面四线缝合绱袖（图11-23）。

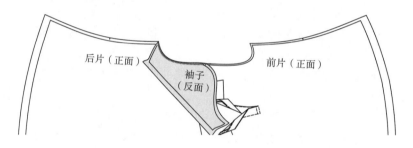

图11-23

⑨埋夹：用四线包缝机缝合夹缝，筒底锁缝。如需钉洗水标，四线包缝埋夹安放在左侧缝离底边15cm处（图11-24）。

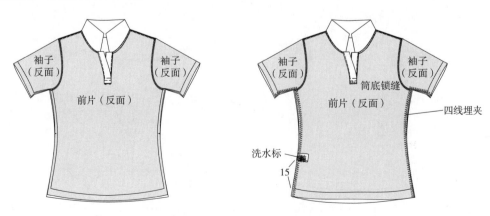

图11-24

⑩绷缝袖口、底边：用三线绷缝机将袖口、底边卷边缝，平缝机暗缝钉商标（图11-25）。

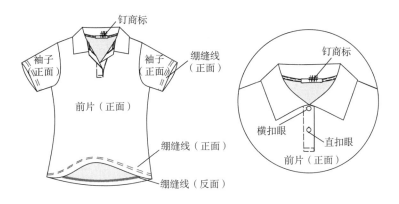

图11-25

二、插肩针织短袖圆领衫排料、裁剪与缝制工艺

（一）单件制作材料准备

（1）面料：全棉、混纺等单面针织布或珠地布，针织布厚薄以克重为单位，夏季面料为150g/m²左右，有效布幅145cm时采购面料数量计划数为衣长+袖长+零料等（15cm左右）共约150cm。

（2）罗纹领：1条。

（3）标：主标1个，洗水标1个，尺码标1个。

（4）缝纫线：与面料同色。

（二）面料的整理与样板排列

（1）面料的缩水处理：由于针织面料的弹性大，大批量裁剪之前要放置布料一段时间让面料能充分松弛。

（2）样板的检查：针织服装的尺寸稳定性较差，纸样尺寸与针织服装成品会存在一定的差距，要调整纸样的尺寸以满足针织服装成品的要求。

（3）样板的排列：根据面料的不同，排料时会有一些特别的要求。在铺排面料时，按本章第二节针织男装扁机领T恤制板，布幅150cm，对折后进行排列，参考用量约70cm（图11-26）。

（三）衣片的裁剪

将布料铺平，松紧适当，按排列纸样准确裁剪衣片，并做好裁剪记号。

本款插肩袖圆领衫为针织面料，衣领为罗纹组织带氨纶成分的针织面料，有较大弹性。

（四）缝制工艺

①将袖片和后衣片分割缝面对面用四线包缝机缝合（图11-27）。

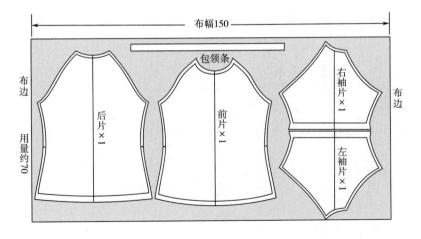

图11-26

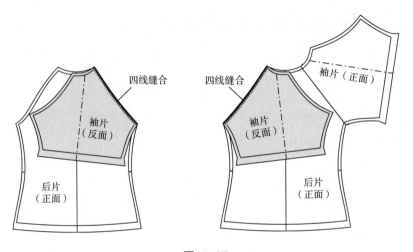

图11-27

②将袖片和前衣片左分割缝面对面用四线包缝机拷合（图11-28）。

③将袖片和前衣片另一条分割缝面对面用四线包缝机缝合（图11-29）。

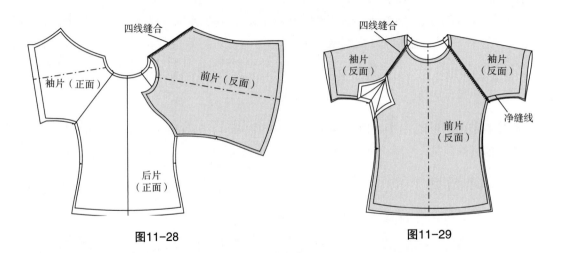

图11-28   图11-29

④做领：将罗纹领面正面接缝一圈，然后正面朝外沿中心对折（图11-30）。

图11-30

⑤绱领：用四线包缝机缝合领窝和罗纹领，注意罗纹领拼缝位置于左肩点往后1.5cm处，绱领时将罗纹领均匀拉长至领口大小，保持弹力绱领（图11-31）。

⑥埋夹：用四线包缝机缝合夹缝，如需钉洗水标，四线包缝埋夹安放在左侧缝离底边15cm处（图11-32）。

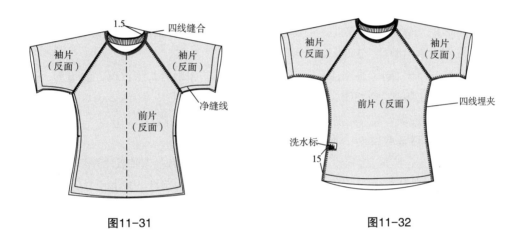

图11-31　　　　　　　　　　　　　　　　**图11-32**

⑦绷缝袖口、下摆：用三线绷缝机将袖口、下摆卷边缝，平缝机暗缝钉商标（图11-33）。

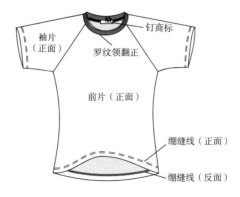

图11-33

参考文献

［1］文化服装学院. 服饰造型讲座①——服饰造型基础［M］. 张祖芳，张道英，潘菊琴，等译. 上海：东华大学出版社，2009.

［2］文化服装学院. 服饰造型讲座②——裙子·裤子［M］. 张祖芳，纪万秋，朱瑾，等译. 上海：东华大学出版社，2011.

［3］文化服装学院. 服饰造型讲座③——女衬衫·连衣裙［M］. 张祖芳，周洋溢，周静，等译. 上海：东华大学出版社，2004.

［4］文化服装学院. 服饰造型讲座④——套装背心［M］. 张祖芳，张道英，潘菊琴，等译. 上海：东华大学出版社，2009.

［5］张军雄. 女装结构设计与立体造型［M］. 上海：东华大学出版社，2017.

［6］张军雄. 服装立体裁剪［M］. 上海：东华大学出版社，2019.

［7］张军雄，温海英，陈璐. 旗袍设计·制板·工艺［M］. 上海：东华大学出版社，2020.

［8］中泽愈. 人体与服装［M］. 袁观洛，译. 北京：中国纺织出版社，2000.

［9］李兴刚. 男装结构设计与缝制工艺［M］. 上海：东华大学出版社，2010.

［10］井口喜正. 日本经典男西服实用技术：制板·工艺［M］. 王璐，常卫民，译. 北京：中国纺织出版社，2016.

［11］胡忧，欧阳心力. 现代服装工艺设计图解［M］. 长沙：湖南人民出版社，2008.